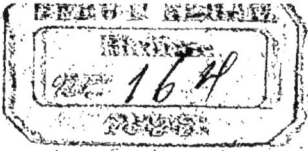

BOTANIQUE ÉLÉMENTAIRE

La Botanique élémentaire, descriptive et usuelle, se compose de 4 volumes en 3 tomes, se vendant séparément.

BOTANIQUE

ÉLÉMENTAIRE, DESCRIPTIVE ET USUELLE

PAR

L'Abbé CARIOT et le Docteur SAINT-LAGER

Membres de la Société Botanique de Lyon.

HUITIÈME ÉDITION

RENFERMANT LA FLORE DU BASSIN MOYEN DU RHONE ET DE LA LOIRE

TOME PREMIER (Ire partie).

BOTANIQUE ÉLÉMENTAIRE

LYON

EMMANUEL VITTE, ÉDITEUR

3, place Bellecour, 3

1897

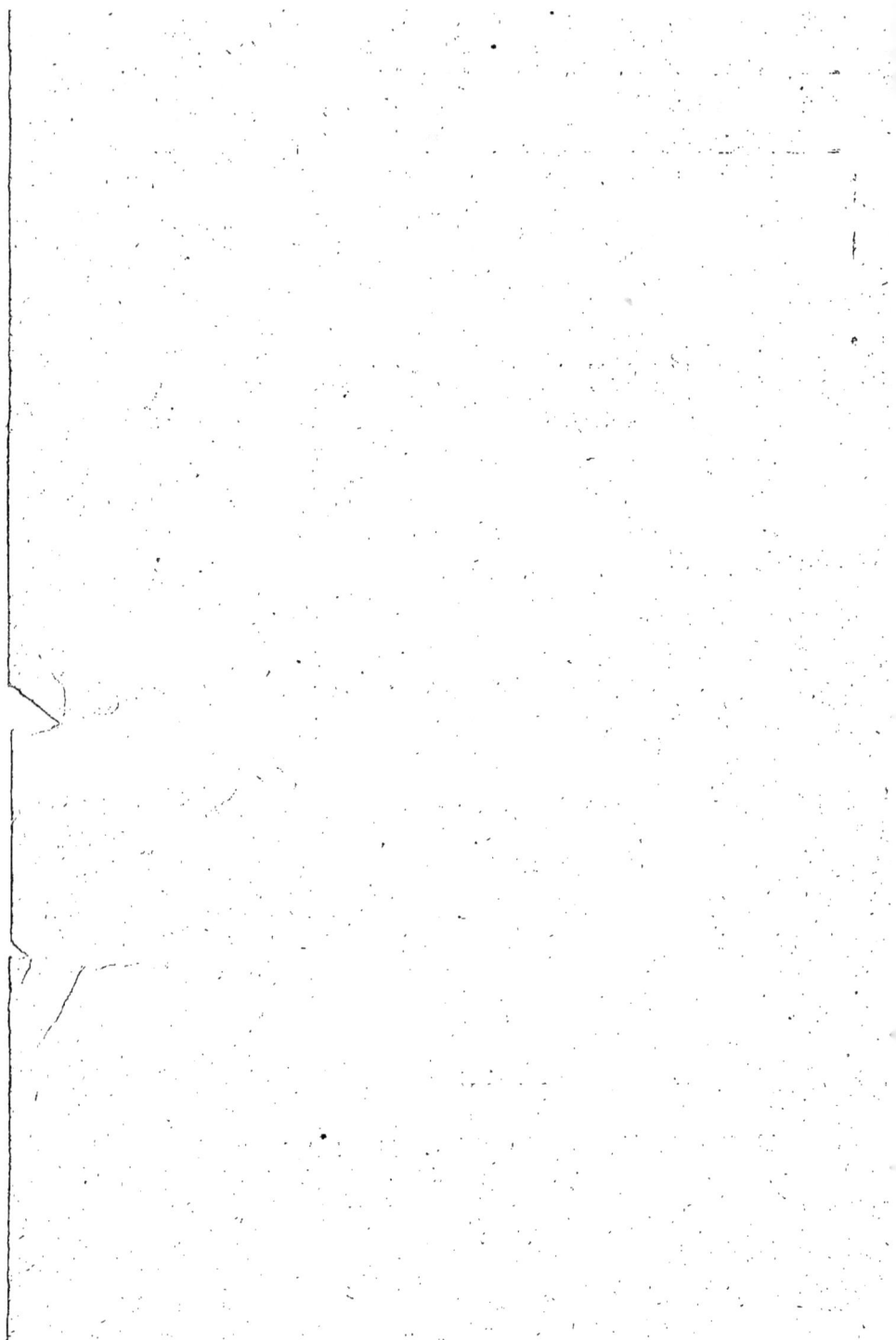

TABLE DU TOME PREMIER

(PREMIÈRE PARTIE)

BOTANIQUE ÉLÉMENTAIRE

EXPLICATION DES PLANCHES

Planche 1.

Fig. 1. Tige rameuse avec des feuilles palmatilobées, à lobes incisés-dentés.
Fig. 2. Calice polysépale, à sépales réfléchis.
Fig. 3. Pétale avec écaille sur l'onglet.
Fig. 4. Carpelle grossi, avec un rang de tubercules.
Fig. 5. Carpelles réunis en capitule.

Planche 2.

Fig. 1. Tige et feuilles ; les inférieures spatulées, atténuées en pétiole; dentées au sommet, incisées à la base ; les supérieures oblongues, sessiles ou un peu amplexicaules, incisées-dentées.
Fig. 2. Fleuron isolé.
Fig. 3. Demi-fleuron isolé.
Fig. 4. Réceptacle convexe, sans paillettes, muni de trois fleurons et d'un demi-fleuron.
Fig. 5. Involucre hémisphérique, à écailles imbriquées.
Fig. 6. Fleur radiée, offrant des fleurons sur le disque et des demi-fleurons, pour rayons à la circonférence.

Planche 3.

Fig. 1. Racine fibreuse, tige noueuse (chaume) ; feuilles linéaires-lancéolées et engaînantes.
Fig. 2. Une fleur munie de deux glumes inégales, de deux valves ciliées et aristées accompagnant les glumes, de glumelles mutiques, de deux étamines et de deux styles pourvus de stigmates filiformes et plumeux.
Fig. 3. Fleurs disposées en panicule serrée, en forme d'épi ovale-oblong.

Planche 4.

Fig. 1. Graine de Haricot ouverte, avec ses deux cotylédons et son embryon : c c les cotylédons, r la radicule, g la gemmule.
Fig. 2. Graine de Ricin coupée longitudinalement : a caroncule (*) en forme d'arille, p le périsperme, r la radicule, g la gemmule.
Fig. 3. Plantule de graine dicotylédone commençant à se développer au moment de la germination : r la racine avec ses radicelles, c'c' le collet, c c les cotylédons devenant feuilles séminales, g la gemmule.
Fig. 4. Plantule de graine monocotylédone commençant à se développer au moment de la germination : r la racine, g la gemmule s'allongeant pour devenir la tige.
Fig. 5. Racine simple, charnue, pivotante, conique ; c le collet, a le corps de la racine, r les radicelles ou chevelus.
Fig. 6. Racine rameuse.
Fig. 7. Racine en chapelet.
Fig. 8. Racine fibreuse.
Fig. 9. Racine fasciculée, à fibres renflées.
Fig. 10. Racine tuberculeuse, offrant un tubercule entier à droite, et un tubercule palmé à gauche.
11. Bulbe à tuniques.

(*) On nomme caroncule un renflement de la surface de certaines graines vers le hile.

Fig. 115. Étamines soudées par les filets en un seul faisceau (monadelphie) et insérées sur le calice (Caliciflores).

Fig. 116. Corolle bilabiée, à lèvre supérieure tridentée et à lèvre inférieure incisée-laciniée.

Fig. 117. La même ouverte pour montrer les 4 étamines, dont 2 plus grandes (didynamie), et leur insertion sur le tube de la corolle (Corolliflores).

Fig. 118. Étamines soudées par les filets en deux faisceaux (diadelphie).

Fig. 119. Étamines soudées par les anthères (Synanthérées).

Fig. 120. Étamines libres, égales, insérées sous l'ovaire (Thalamiflores).

Fig. 121. Étamines tétradynames, c'est-à-dire au nombre de 6, dont 4 plus grandes.

Planche 12.

Fig. 122. Carpelle : o l'ovaire, s le style, a le stigmate.

Fig. 123. Akènes munis de 2 stigmates sessiles; celui de gauche à stigmates entiers, celui de droite à stigmates plumeux.

Fig. 124. (*). Ovaire composé de 4 carpelles avec un style central : o l'ovaire, s le style, a le stigmate.

Fig. 125. Carpelles réunis en capitule.

Fig. 126. Capsule de Pavot s'ouvrant par des trous sous les stigmates rayonnants et réunis en bouclier.

Fig. 127. Gousse ou légume s'ouvrant par 2 valves et montrant les graines attachées par le funicule à la suture supérieure.

Fig. 128. Capsule bivalve et uniloculaire : la valve de gauche porte le style persistant.

Fig. 129. Silicule : v v les 2 valves, c la cloison.

Fig. 130. Silique : v v les 2 valves, c la cloison.

Fig. 131. Capsule triloculaire, coupée en travers pour montrer les 3 loges.

Fig. 132. Follicule ouvert, montrant ses graines couronnées d'une aigrette soyeuse.

Fig. 133. Capsule polysperme, s'ouvrant par 3 valves : la figure de gauche montre les 3 valves v v v ouvertes et les graines attachées à une cloison médiane.

Fig. 134. Pyxide avec son couvercle relevé pour montrer les graines.

Fig. 135. Gousse articulée.

Fig. 136. Péponide ouverte.

Planche 13.

Fig. 137. Akène avec une aigrette sessile à poils denticulés : a l'akène.

Fig. 138. Akène avec une aigrette pédicellée à poils simples : a l'akène.

Fig. 139. Akène avec une aigrette pédicellée à poils plumeux ou rameux : a l'akène.

Fig. 140. Akène surmonté d'une couronne membraneuse : a l'akène, e la couronne.

Fig. 141. Samare munie d'une seule aile latérale.

Fig. 142. Samare munie de deux ailes latérales.

Fig. 143. Samare entourée d'une aile membraneuse.

Fig. 144. Drupe à noyau sillonné et raboteux (pêche).

Fig. 145. Drupe à noyau lisse (cerise).

Fig. 146. Mélonide à pépins (pomme).

Fig. 147. Sycone (figue).

Fig. 148. Réceptacle accrescent, charnu, succulent (fraise).

Fig. 149. Cône ou strobile (fruit du Pin).

Fig. 150. Rhizome charnu d'une Fougère, avec ses feuilles.

(*) C'est par transposition de chiffres que cette figure porte le n° 142.

CHAMPIGNONS

Planche 14.

Fig. 1. L'*Agaric élevé* entièrement développé.
Fig. 2. Le même sortant de terre et non encore ouvert.
Fig. 3. Coupe perpendiculaire.

Planche 15.

Fig. 1. L'*Agaric champêtre* sortant de terre et non encore ouvert.
Fig. 2. Le même entièrement développé et vu par-dessus.
Fig. 3. Le même vu par-dessous.

Planche 16.

Fig. 1. L'*Oronge vraie* vue par-dessus.
Fig. 2. La même vue par-dessous.
Fig. 3. Coupe transversale du pied.

Planche 17.

Fig. 1. La *fausse Oronge* avant son développement.
Fig. 2. La même entièrement développée et vue par-dessus.
Fig. 3. La même vue par-dessous.

Planche 18.

Fig. 1. Le *Mousseron* vu par-dessus.
Fig. 2. Le même vu par-dessous.

Planche 19.

Fig. 1. Le *faux Mousseron* avant et après son développement.
Fig. 2. Le même vu par-dessous.

Planche 20.

Fig. 1. Le *Bolet comestible* avant son développement.
Fig. 2. Le même développé et vu par-dessous.

Planche 21.

Fig. 1. L'*Hydne sinué* vu par-dessus.
Fig. 2. Le même vu par-dessous.

Planche 22.

Fig. 1. La *Morille comestible* développée et vue à l'extérieur.
Fig. 2. La même coupée perpendiculairement par son milieu.

Planche 23.

Fig. 1. La *Clavaire coralloïde* vue dans son ensemble.
Fig. 2. La même ne présentant qu'un rameau isolé.
Fig. 3. Autre rameau isolé.

FIN DE L'EXPLICATION DES PLANCHES

Lyon. — Imprimerie Emmanuel VITTE, rue de la Quarantaine, 18.

BOTANIQUE ÉLÉMENTAIRE

1. La Botanique (1) a pour objet l'étude des végétaux. On donne le nom de végétaux à ce magnifique tapis de verdure, à ces arbres de toute grandeur, à ces productions si variées qui croissent sur la terre, sur les rochers et dans les eaux. Ce sont des êtres organisés et vivants, mais privés de la faculté de sentir et d'exécuter des mouvements volontaires. Ils sont donc comme l'anneau qui, dans l'immense chaîne des êtres, unit le règne minéral au règne animal.

2. En effet, les minéraux ne sont que des êtres inorganiques et inertes. Ils ne vivent ni ne sentent; s'ils grossissent, ce n'est que par *juxtaposition*, c'est-à-dire par des molécules de même nature qui viennent se placer sur les molécules précédentes. Aussi leur forme est-elle indéterminée : du marbre, par exemple, le sera toujours, qu'on le taille en colonne, globule ou statue. Leur durée est illimitée, en ce sens que, ne portant en eux-mêmes aucun principe de destruction, ils existent jusqu'à ce qu'une force étrangère vienne les détruire.

3. Les végétaux, au contraire, sont des êtres vivants, doués d'organes (racines, tiges, feuilles, fleurs) qui, par leur mutuelle action, entretiennent la vie dans le tout qu'ils composent. Ils grandissent en se nourrissant par

(1) De βοτάνη, herbe.

I.   1 *intussusception*, c'est-à-dire en empruntant au monde extérieur des principes élémentaires qu'ils s'assimilent, qui pénètrent leur tissu et le développent dans une forme déterminée. Enfin, après avoir existé pendant un certain temps, ils périssent quand leurs organes sont usés, viciés ou brisés. La mort est donc pour les végétaux une conséquence de leur vie, et leur espèce périrait, si Dieu, dans sa sagesse, ne les avait doués de la faculté de se reproduire, en donnant naissance à d'autres êtres vivants et absolument organisés comme eux.

4. Ce jeu des organes, cette vie, ce mode de croissance, cette existence limitée, cette reproduction merveilleuse, les plantes la partagent avec les animaux; mais elles n'en restent pas moins à une immense distance d'eux par l'absence de mouvement volontaire et de sensibilité. Recevant du milieu qui les entoure (l'air, la terre et l'eau) une nourriture toute préparée, elles n'avaient nul besoin de ces deux admirables facultés.

Aussi, un savant naturaliste, Linné, a dit avec une parfaite justesse : « Les végétaux occupent l'avant-dernier » rang dans la série des êtres dont l'homme est le roi. » Les minéraux croissent; les plantes croissent et vivent; » les animaux croissent, vivent et sentent; l'homme croît, » vit, sent et pense. »

5. La Botanique étudie les végétaux sous un triple point de vue. Elle voit en eux des *êtres vivants*, dont elle observe l'organisation; des *êtres distincts*, qu'elle apprend à connaître, à décrire et à classer; des *êtres utiles*, dont elle recherche les propriétés et les usages. De là trois grandes parties dans cet ouvrage : la *botanique organique*, ou étude de l'organisation et de la vie des plantes; la *taxonomie*, ou classification des végétaux; la *botanique usuelle*, c'est-à-dire appliquée à l'agriculture, à l'horticulture, à la médecine, à l'économie domestique et industrielle.

6. On voit donc que la Botanique ne consiste pas uniquement, comme trop de gens se l'imaginent, dans la
connaissance pure et simple du nom donné aux différentes plantes. Réduite à ces termes, elle ne serait qu'un
vain exercice de mémoire, aussi pénible qu'inutile. Si
l'homme a cherché à décrire et à classer les végétaux, ce
n'a été là pour lui qu'un moyen : son vrai but, c'est d'arriver à s'en servir pour son utilité et pour son agrément.
Il trouve de plus dans l'étude des organes de la plante et
du jeu de ces organes dans le phénomène de la vie, un
vaste sujet d'instruction et de nombreux motifs d'admirer
la sagesse, la puissance et la bonté de Celui qui a écrit
son nom sur la corolle de la plus humble fleur de nos
champs, tout aussi bien que sur le front scintillant des
étoiles.

Questionnaire.

*Qu'est-ce que la Botanique? — Qu'entend-on par végétaux ou plantes?
— Comment les plantes diffèrent-elles 1º des minéraux, 2º des animaux? — Comment divise-t-on la Botanique? — Quel est son vrai
but?*

PREMIÈRE PARTIE

BOTANIQUE ORGANIQUE

---

7. La *Botanique organique* comprend la description des différents organes des végétaux : c'est l'*organographie;* l'explication des diverses fonctions de ces organes : c'est la *physiologie;* le détail des diverses altérations ou maladies qui peuvent affecter les plantes : c'est la *pathologie végétale.*

CHAPITRE PREMIER

Organographie et physiologie végétales.

8. Nous réunirons ensemble ces deux parties qui, dans la réalité, ne peuvent être séparées. Pour donner plus d'intérêt à des détails ordinairement arides, nous décrirons les organes des végetaux et les phénomènes de leur vie, en faisant l'histoire de la plante. La vie, comme endormie dans la graine, se réveille au moment de la germination, se développe par la croissance, déploie tout son éclat dans la floraison, atteint dans la fructification son but essentiel, et, enfin, disparaît quand la plante s'est préparée, dans des germes féconds, les principes d'une nouvelle existence. De là six âges dans la vie de la plante : *sommeil dans la graine; germination; croissance; floraison; fructification; fin de la végétation.*

ARTICLE PREMIER.

PREMIER AGE DE LA PLANTE. — SOMMEIL DANS LA GRAINE.

9. La graine est comme l'œuf végétal; c'est par elle
que la plante commence. On peut même l'y découvrir en
miniature; mais comme elle serait trop sèche à l'état de
maturité parfaite, il faut l'examiner un peu avant, ou
bien la faire ramollir dans l'eau. Dans cet état de sou-
plesse, l'anatomie d'une graine de *haricot*, par exemple,
nous la montre composée de deux parties : l'une supérieure et enveloppante, nommée *épisperme*; l'autre intérieure et protégée par la première : c'est l'*amande*.

§ 1. — *Episperme.*

10. L'*épisperme* (1), comme l'indique son nom, est une
enveloppe plus ou moins membraneuse ou ligneuse, qui,
par sa consistance sèche et coriace, préserve l'amande et
la conserve; il est comme la coquille de l'œuf. Souvent
aussi il offre, comme elle, deux tuniques superposées :
une extérieure, plus épaisse, et que l'on nomme *teste* (2);
et une intérieure, plus souple et plus mince, qui s'appelle *tégument* (3). La *châtaigne* les offre toutes deux d'une
manière très-sensible : mais dans la plupart des graines
elles sont moins distinctes, et tellement adhérentes l'une
à l'autre, que l'épisperme paraît être simple et ne former
qu'une tunique. Dans tous les cas, il ne participe que
très-peu, et même pas du tout, à la propriété nutri-
tive de la graine : c'est lui que l'on sépare, sous la forme
de *son*, de la fleur de farine.

(1) D'ἐπὶ, sur, et σπέρμα, germe.
(2) De *testa*, coquille.
(3) De *tegumentum*, couverture.

11. Il est toujours un point de l'épisperme qui se distingue du reste, ou par une espèce de cicatrice plus ou moins grande, ou par une teinte particulière, si sensible dans le *marron d'Inde* : c'est *l'ombilic* ou *hile* (1). Dans la graine mûre, ce point a peu d'importance; mais il en avait beaucoup quand elle grandissait, car c'était par lui qu'elle adhérait à la mère-plante.

§ 2. — *Amande*.

12. L'étude de *l'amande* a plus d'importance et d'intérêt. C'est toute la partie d'une graine mûre contenue dans l'épisperme. On la savoure avec plaisir dans le fruit de *l'amandier*, qui lui a donné son nom.

L'amande est tantôt uniquement formée par *l'embryon*, corps organisé qui remplit à lui seul toute la cavité intérieure de l'épisperme, par exemple, dans le *pois*; tantôt, outre l'embryon, l'amande renferme un autre corps accessoire qu'on nomme *périsperme*, comme dans le *ricin*, le *froment*. Parlons de chacun d'eux.

† Embryon (2).

13. C'est la plante encore enfant et endormie. Nous l'apercevons très-bien en continuant l'anatomie de notre graine de haricot. L'épisperme, déchiré avec une épingle et enlevé avec précaution, laisse à découvert (pl. 4, fig. 1re *cc*) deux disques blancs appliqués l'un contre l'autre et formant deux moitiés égales. Ce sont les *cotylédons* (3), premiers organes alimentaires qui doivent se convertir à la germination en feuilles séminales (fig. 3 *cc*). Sur un

(1) De *hilum*, petite marque.

(2) D'έν-βρύων, poussant dans un autre.

(3) De κοτυληδών, cavité, ou petite écuelle renfermant le lait qui doit nourrir la jeune plante.

des points de la jonction des cotylédons glisse une pointe conique : c'est la *radicule* (1), ou principe de la racine (fig. 1re *r*) ; et dans leur intérieur sont deux ou plusieurs petites feuilles, plissées diversement sur elles-mêmes et parfaitement formées (fig. 1re *g*) : elles constituent la *gemmule* (2), ou petit bourgeon qui est le rudiment de la jeune tige.

14. Ces trois organes, cotylédons, radicule et gemmule, forment la *plantule* (fig. 3), c'est-à-dire la petite plante qui doit se développer au moment de la germination, et n'est autre chose que l'embryon sorti de ses langes.

L'amande n'offre pas toujours deux cotylédons, comme dans le haricot; souvent elle n'en présente qu'un seul, comme dans le *blé*, l'*asperge*, la *tulipe*, etc. : l'embryon est nommé alors *monocotylédoné* (3). Il est appelé *dicoty-lédoné* (4) quand l'amande contient deux corps cotylédo-naires réunis base à base : tels sont le *haricot*, la *fève*, etc.

15. Toutes les plantes dont l'amande offre un seul cotylédon se nomment *monocotylédonées*; toutes celles qui ont deux cotylédons se nomment *dicotylédonées*. On appelle *acotylédonées* (5) celles dont la graine, ou plutôt les corpuscules reproducteurs qui en portent improprement le nom, n'offrent ni embryon ni cotylédon : telles sont les *fougères*.

Comme toutes les plantes ne sont en grand que l'embryon développé, leur division ancienne en *dicotylédo-nées*, *monocotylédonées* et *acotylédonées* pourrait être rigoureuse, si quelques végétaux, appartenant surtout à la famille des *conifères* ou arbres résineux, n'avaient été observés avec 3, 5, 10 et même 12 cotylédons.

(1) De *radicula*, petite racine.
(2) De *gemmula*, petite perle, petit bourgeon.
(3) De μονός, unique, et κοτυληδών, cotylédon.
(4) De δίς, double, et κοτυληδών.
(5) D'α, sans, et κοτυληδών.

†† Périsperme (1).

16. On le nomme encore *endosperme* (2) ou *albu-men* (3). C'est, comme nous l'avons indiqué, cette partie de l'amande qui forme quelquefois autour ou à côté de l'embryon un corps accessoire et entièrement distinct. Le mot d'*albumen*, qui le compare au blanc d'œuf, indique très-bien sa destination, qui est de nourrir la jeune plante quand elle germera. (fig. 2 *p*).

17. Il est, du reste, parfaitement distinct de l'embryon. Celui-ci, comme nous l'avons vu, offre une plante en miniature très-bien organisée, qui se développera et grandira à la germination. Le périsperme, au contraire, est une simple masse, ordinairement blanchâtre, de substance très-variable, sèche et farineuse dans les *céréales*, cartilagineuse dans la *carotte*, charnue et grasse au toucher dans le *ricin*, cornée dans le *café*. A la germination, elle devient soluble, sert pendant quelque temps à alimenter la plantule, diminue insensiblement de volume et disparaît peu à peu.

18. On conçoit que les positions différentes de l'embryon dans la graine, ainsi que la présence ou l'absence du périsperme, ont dû servir à guider le botaniste dans le classement des végétaux. C'est un des caractères les plus sûrs dans la division des familles.

On trouvera dans le dictionnaire, au mot *graine*, d'autres détails assez intéressants; ceux que nous venons de donner suffisent pour montrer au botaniste toute l'importance de ce premier organe, et au philosophe chrétien, les soins dont la Providence environne la jeune plante endormie, ainsi que sa prévoyance à ce que rien ne lui manque à son réveil.

(1) D'περί-σπέρμα, autour du germe.
(2) D'ἔνδον-σπέρμα, au-dedans du germe.
(3) D'*albumen*, blanc d'œuf.

Questionnaire.

Qu'entend-on par organographie et physiologie végétales? — Quels sont les six âges de la plante? — Qu'est-ce que la graine et quelles sont ses parties? — Qu'est-ce que l'épisperme? De quoi se compose-t-il? — Qu'est-ce que le hile? Qu'est-ce que l'amande? De quoi est-elle formée? — De combien de parties se compose l'embryon? — Que faut-il entendre par plantes dicotylédonées, monocotylédonées, acotylédonées? — Cette division est-elle rigoureuse? — Qu'est-ce que le périsperme? — Quelle est sa destination? — Que peut apprendre l'anatomie de la graine?

ARTICLE II.

DEUXIÈME AGE DE LA PLANTE. — GERMINATION.

19. La graine persévère dans la consistance sèche et dure que la Providence lui a donnée pour pouvoir résister à l'intempérie des saisons, et conserver au germe son principe vital, jusqu'à ce que des circonstances favorables viennent se réunir pour commencer son deuxième âge ou sa *germination*. On comprend sous ce nom la série des phénomènes par lesquels passe une graine pour développer l'embryon qu'elle contient.

20. Mais, pour germer, il faut à la graine des conditions préalables. De ces conditions, les unes lui sont intrinsèques, les autres lui sont extérieures.

Pour les premières, il est nécessaire que la graine soit mûre, que son embryon soit complet, et qu'elle ne soit pas trop ancienne, car elle perd avec le temps sa faculté germinative. Il est cependant certaines graines qui la conservent pendant un grand nombre d'années, quand elles ont été préservées de l'action de l'air, de la lumière et de l'humidité. C'est ainsi que l'on a vu des graines, trouvées dans des momies d'Egypte, lever de terre et venir à bien.

21. Comme conditions extérieures, la graine réclame ensuite le concours de trois agents très-puissants dans la nature; ce sont : l'eau, le chaleur et l'air.

L'*eau*. L'eau ramollit les tuniques et porte à la plantule ses premiers aliments. Il ne faut pas, pour les graines des plantes terrestres, que l'eau soit en trop grande quantité; elle les pourrirait et s'opposerait à leur développement. Quant aux graines des végétaux aquatiques, les unes, et c'est le plus grand nombre, germent étant plongées entièrement dans l'eau; les autres montent à la surface pour y germer à l'air.

22. La *chaleur*. La chaleur, ce grand stimulant des forces vitales, distend les vaisseaux, les pénètre et rend plus active l'influence des autres agents. Dans une température au-dessous de zéro, la graine reste inactive; au-dessus de 50°, elle se dessèche et perd sa force végétative. Entre ces deux limites, une chaleur de 25 à 30°, unie à une humidité convenable, est celle qui est la plus favorable à la germination.

Les graines ne germent pas à la lumière, parce que celle-ci décompose l'acide carbonique, dégage l'oxygène, fixe le carbone et endurcit toutes les parties.

23. L'*air*. L'air est aussi nécessaire aux graines pour germer et pour s'accroître qu'il est indispensable aux animaux pour respirer et pour vivre. Voilà pourquoi les graines enfoncées trop profondément dans la terre ne peuvent y donner aucun signe de vie.

Des deux gaz élémentaires dont il se compose, et qui sont : l'*oxygène* pour les 0,21 de son volume, et l'*azote* pour les 0,79, l'oxygène seul est propre à la germination. Des graines placées dans du gaz azote y périraient infailliblement; mais aussi l'oxygène pur et isolé ne tarderait pas à détruire les germes. Son activité trop puissante a dû être tempérée par le mélange de l'azote dans la germination. L'oxygène de l'air s'empare de l'excès du carbone que contient la graine, et forme avec lui de l'acide carbonique qui est rejeté au dehors. Alors les principes laiteux ou sucrés des cotylédons et du périsperme se développent et servent de premier aliment à la jeune plante, trop délicate encore pour absorber une nourriture plus substantielle.

24. Ces conditions une fois réunies, que l'on place la graine dans la terre, siège naturel des plantes, ou sous un abri quelconque, qui puisse, en communiquant l'humidité, intercepter la lumière, funeste à la germination en ce qu'elle fixe trop le carbone, et aussitôt commencera le phénomène de la germination (pl. 4, fig. 3).

Les tuniques dilatées se ramollissent, s'entr'ouvrent et donnent passage à la radicule (*r*), qu'une tendance irrésistible entraîne vers le centre de la terre. La radicule s'allonge de haut en bas, soit directement de la base de l'embryon, soit après avoir préalablement rompu le tégument de cette base. Les plantes qui présentent le premier caractère se nomment *exorrhizes* (1), les autres se nomment *endhorrhizes* (2). L'embryon endorrhize existe ordinairement dans les monocotylédones, comme l'embryon exorrhize dans les dicotylédones. La gemmule (*g*), obéissant à un instinct contraire, quelle que soit la position de la graine, cherche l'air et le soleil, et s'élance hors du sol. Quelquefois les cotylédons restent sous terre, comme dans le *poisfleur :* alors ils se flétrissent et finissent par disparaître; mais le plus souvent ils précèdent la gemmule dans son mouvement ascensionnel. Arrivés à la lumière, ils verdissent, se déroulent, s'étalent et commencent à puiser dans le sein de l'atmosphère une partie des fluides qui doivent être employés à l'accroissement de la jeune plante. Dès cet instant la germination est opérée.

(1) ἐξ, en dehors, ρίζα, racine.
(2) D'ἔνδον, en dedans, ρίζα, racine.

25. Dans la germination des graines monocotylédones
(fig. 4), plusieurs radicelles (*r*) naissent ordinairement
des parties inférieures et latérales de la tigelle. Quand
elles ont acquis un certain développement, la radicule
principale se détruit et disparaît. Aussi les plantes monocotylédones n'ont-elles jamais de *racine pivotante* (fig. 5).
De plus, la gemmule sort le plus souvent par la partie
latérale du cotylédon et non par son sommet.

26. Toutes les graines n'emploient pas le même espace
de temps pour germer. Ainsi, il en est qui lèvent dans un
espace de temps très-court : il ne faut au *cresson alénois*
que deux jours; à l'*épinard*, au *navet* et au *haricot* que
trois jours; à la *laitue* que quatre; à la plupart des *graminées* qu'une semaine. D'autres graines, au contraire,
demeurent un temps fort considérable avant de donner
aucun signe de développement : ce sont celles qui ont un
épisperme très-dur, comme celles du *pêcher*, de l'*amandier*, qui ne germent qu'au bout d'un an; du *noisetier*,
du *cornouiller*, qui ne se développent que deux années
après avoir été mises en terre.

27. Tout ce que nous venons de dire sur la germination
ne convient évidemment qu'aux végétaux cotylédonés.
Quant aux plantes *acotylédonées*, comme elles n'ont ni
fleurs, ni graines, ni embryon, elles germent d'une manière toute différente, sur laquelle les savants n'ont formé
jusqu'à présent que des conjectures très-incertaines. Elles
ont cependant cela de commun que leurs particules re-
productives sont analogues à des graines qui ne germe-
raient pas dans un point fixe, mais qui reproduiraient
une racine et une tige indifféremment de tous les points
de leur surface.

Questionnaire.

*Qu'est-ce que la germination ? — Quelles sont les conditions nécessaires
à la graine pour qu'elle ait lieu ? — Quels agents extérieurs doivent y*

concourir ? — Quelle est l'action propre à chacun de ces agents ? — Quels sont les phénomènes qui accompagnent la germination ? — Quelle différence présentent-ils dans les plantes monocotylédonées et dans les plantes dicotylédonées ? — Que faut-il entendre par plantes exorrhizes et endorrhizes ? — Faut-il longtemps aux graines pour germer ? — La lumière est-elle favorable à la germination ? — Quelle remarque y a-t-il à faire sur les végétaux acotylédonés ?

ARTICLE III.

TROISIÈME AGE DE LA PLANTE. — CROISSANCE.

28. Voici la plante hors de terre; elle est *levée*. La *radicule* et la *gemmule*, qui prennent les noms de *racine* et de *tige*, se développent. On nomme *collet* ou *nœud vital* (fig. 5 *c*) le point qui les réunit, point important, où s'opère dans les fibres un changement tel, qu'en dessus elles tendent toutes à monter, et en dessous, toutes à descendre.

§ 1er. — Racine.

29. La *racine*, ou *caudex descendant* (1), est cette partie du végétal qui sert à le fixer dans la terre, vers le centre de laquelle une tendance invincible l'entraîne (fig. 5, 6, 7). Quelquefois pourtant elle flotte au milieu de l'eau, comme dans les *lenticules*, ou bien elle s'implante, comme celle du *gui*, sur le tronc où les branches des arbres; il arrive même, comme dans les *orobanches*, qu'elle adhère à la racine d'autres plantes, aux dépens de laquelle elle se nourrit en véritable parasite; mais régulièrement, le plus souvent, elle descend dans la terre. Un autre caractère qui sert à la distinguer du *rhizôme*, *souche* ou *tige souterraine*, dont nous parlerons plus tard, c'est qu'elle n'émet

(1) De *caudex*, tige.

jamais de feuilles, et que l'action de la lumière ne la verdit point au moins dans son tissu.

30. Disons, en passant, que différentes parties des végétaux sont susceptibles de produire des racines. Ainsi, coupez une branche de saule ou de peuplier, enfoncez-la dans une terre convenablement humide; au bout de quelque temps, son extrémité produira des racines. Le même phénomène aura lieu si, courbant la branche, vous enfoncez dans la terre les deux extrémités, ou bien encore si, sans séparer un rameau de la tige, vous le recouvrez en partie de terre, en laissant sortir son extrémité supérieure. C'est sur cette propriété qu'ont les tiges, et même les feuilles dans certains végétaux, de donner naissance à de nouvelles racines, que sont fondées la théorie et la pratique de la *bouture* et du *marcottage*, moyens de multiplication très-employée dans l'art de la culture.

31. La racine peut se diviser en deux parties, qui sont: le *corps* (fig. 5 *a*), de forme et de consistance variées, et les *radicelles* ou *chevelus* qui la terminent (fig. 5 *r*). Les radicelles sont de petits filaments plus ou moins déliés, terminés par de petites *spongioles* (1) fortement *hygrométriques* (2), et qui en font comme de petites pompes aspirantes.

32. Il existe une sorte de correspondance et même de symétrie entre la tige et le pivot de la racine, entre les branches de l'une et les ramifications de l'autre, et même entre le feuillage et les chevelus. L'agriculteur a si bien compris ce secret, que, pour arrêter le développement trop considérable des racines ou des branches, il n'a qu'à retrancher la partie correspondante des branches ou des racines.

(1) De *spongiola*, petite éponge.
(2) D'ὑγρόυ, humidité, et μετρέιν, mesurer.

Il paraît même que la tige et la racine peuvent, dans de certaines limites, intervertir leur rôle. Ainsi, qu'on plante certains jeunes arbres de manière à mettre les racines en l'air et les rameaux en terre, on verra les racines se couvrir de feuilles, et les rameaux enterrés donner naissance à des chevelus.

33. La racine remplit, relativement au végétal, une double fonction : 1º elle le fixe dans le sol, ou au corps, sur lequel il doit vivre ; 2º elle va y puiser une partie de la nourriture nécessaire à son accroissement.

Les racines d'un certain nombre de plantes ne paraissent servir qu'au premier usage : telles sont les racines des *plantes grasses*, plantes qui absorbent par tous les points de leur surface leurs principes alimentaires. Voilà pourquoi on peut couper une branche de *cactus*, la laisser trois semaines sur un mur, et la planter ensuite dans du sable presque pur ; elle y végétera presque aussi bien que si on l'avait mise immédiatement dans une terre plus riche en matières nutritives. Si même celle-ci était trop substantielle, et surtout trop humide, la plante ne tarderait pas à périr.

34. Le second usage des racines est de puiser dans le sein de la terre, ou dans le corps sur lequel elles sont implantées, les substances qui doivent servir à la nutrition et à l'accroissement du végétal. Cette absorption ne se fait que par les spongioles ou l'extrémité de leurs dernières ramifications. Il est facile de s'en convaincre en prenant deux navets, dont on fera plonger l'un dans l'eau par l'extrémité de la radicule qui le termine, et dont l'autre sera aussi plongé dans l'eau, mais de manière à ce que son extrémité inférieure soit hors du liquide. Le premier poussera des feuilles et végétera, tandis que le second ne donnera aucun signe de développement.

Les racines vont chercher les principes nutritifs avec un admirable instinct, forçant souvent les plus grands

obstacles, et perçant même les murs, pour se diriger vers
le sol qui leur est approprié.

35. Elles sont enfin pour les végétaux comme un organe d'excrétion, en laissant suinter dans la terre une
matière particulière, différente dans les différentes espèces. C'est par cette *excrétion* que la sève descendante
enfouit dans le sol tous les principes viciés dont elle s'est
faite le véhicule pour en décharger la plante. Il en résulte que ce terrain peut devenir mortel pour une plante
de même espèce qu'on placerait dans le même endroit.
Aussi est-ce un principe bien reconnu en agriculture
qu'il est des terrains qu'il faut absolument laisser en re-
pos quelque temps, et même plusieurs années, avant de
leur confier la même récolte.

Mais ces excrétions, nuisibles à l'espèce ou même au
genre de la plante qui les a produites, sont quelquefois
très-utiles à d'autres, auxquelles elles servent comme
d'engrais. Ainsi, les *céréales* s'approprient avantageuse-
ment toutes les sécrétions des *légumineuses*, telles que
pois, lentilles, trèfle, luzerne; la *salicaire* croît au pied
du saule, l'*orobanche rameuse* vers la racine du chanvre,
tandis que le *cirse des champs* nuit à l'avoine, l'*inule
aulnée* à la carotte, et l'*ivraie* au froment. L'étude des
sympathies ou antipathies végétales est pour le cultiva-
teur du plus grand intérêt, et c'est sur elle que repose
toute la théorie des *assolements*. Elle consiste à savoir
faire alterner dans un même terrain des récoltes successives de plantes qui demandent au sol des aliments
différents.

36. Les racines, d'après leur forme, ont reçu différents
noms qu'il est important de connaître. Ainsi, elles sont
rameuses (fig. 6) quand elles ont, comme la tige, un tronc
qui se divise en branches et en ramifications souterraines:
c'est la forme la plus ordinaire aux plantes *dicotylédonées*.
On les nomme *fibreuses*, quand elles ne sont formées que

de filaments simples partant d'un même point (fig. 11, 12), et *fasciculées*, quand ces filaments sont réunis en faisceaux (pl. 3).

Les racines sont encore *granulées* ou *en chapelet* (fig. 7), quand elles présentent des renflements et des étranglements successifs, comme dans la *filipendule; pivotantes, fusiformes* (1) (fig. 3), *napiformes* (2) (fig. 5), quand elles offrent un pivot unique, plus ou moins effilé, conique ou arrondi, s'enfonçant dans la terre, sans autres divisions que de minces chevelus à son extrémité : Ex. : la *carotte*, la *rave*, etc. Ces dernières racines, charnues pour la plupart, ne sont pas seulement pour la plante un réservoir de sucs nourriciers, mais offrent encore à l'homme et aux animaux un moyen d'alimentation facile. Elle est même si naturelle, qu'elle a dû faire celle des premiers hommes, avant que l'industrie et le besoin eussent appris à connaître toutes les propriétés nutritives des plantes, et à exploiter les richesses nombreuses que la Providence a déposées pour nous au sein du règne végétal.

Questionnaire.

Quel est le troisième âge de la plante? — Que deviennent la radicule et la gemmule? — Qu'entend-on par collet ou nœud vital? — Qu'est-ce que la racine? — Quel est son caractère le plus essentiel? — Sur quoi repose la pratique de la bouture et du marcottage? — En combien de parties divise-t-on la racine? — Quelles sont ses fonctions relativement au végétal? — Sur quoi repose et en quoi consiste la théorie des assolements? — Quels sont les noms principaux donnés aux racines, d'après leurs formes? — Donner des exemples.

(1) De *fusus,* fuseau.
(2) De *napus,* navet.

§ 2. — *Tige.*

37. La tige, ou *caudex ascendant*, est cette partie de la plante qui, contrairement à la racine, tend toujours plus ou moins à s'élever vers le ciel. Elle en diffère encore essentiellement, parce qu'elle est toujours colorée en vert, au moins dans sa jeunesse, quand elle a été soumise à l'action de la lumière. La tige sert de support aux rameaux, aux feuilles et aux fleurs.

Ce double caractère sert à ne pas confondre avec les racines trois espèces de tiges souterraines, qui sont : la *souche*, le *bulbe* et le *tubercule*.

38. On appelle *souche* ou *rhizôme* (1) les tiges souterraines de certaines plantes vivaces, qui, courant sous terre, poussent de leur extrémité antérieure de nouvelles feuilles et de nouvelles fleurs, à mesure que leur extrémité postérieure se détruit (fig. 14). Tel est ce qu'on nomme ordinairement racine dans l'*iris flambe* de nos jardins et dans le *muguet* qui embaume nos bois ombragés. On voit par là qu'un grand nombre de plantes appelées ordinairement *acaules* (2), c'est-à-dire sans tige, comme la *pâquerette*, la *violette odorante*, ont sous terre une véritable tige plus ou moins développée. Ce qu'on nomme la *hampe* est alors en réalité un pédoncule.

39. Le *bulbe* (3) ou *oignon* est une tige souterraine arrondie en bas, plus ou moins conique en haut (fig. 11, 12). De sa partie inférieure naissent des racines, et du milieu de ses écailles ou tuniques s'élance le rameau qui porte les fleurs, véritable pédoncule auquel on donne improprement le nom de tige.

Quelques auteurs regardent le bulbe comme un bour-

(1) De ρίζα, racine.
(2) De α, sans, et *caulis*, tige.
(3) De *bulbus*, oignon.

geon souterrain : alors les pellicules ou bases des an
ciennes feuilles en forment les écailles ou tuniques; le
plateau qui les soutient est sa tige souterraine, et les filaments qui en descendent sont les racines. La *jacinthe*, le
porreau ont des *bulbes à tunique* (fig. 11); le *lis blanc*, un
bulbe à écailles (fig. 12). On ne trouve de bulbes que dans
les monocotylédones.

40. Enfin, le *tubercule* (1) (fig. 41 *a*), dont on a un
exemple si familier dans la *pomme de terre*, est aussi une
tige souterraine, courte, renflée, et ordinairement assez
irrégulière. Il diffère du bulbe en ce qu'il n'est jamais
formé de tuniques ni d'écailles, mais d'une masse charnue
et continue, enveloppée d'un épiderme; en ce que les
racines ne partent pas toutes ensemble d'un point commun,
mais naissent sans aucun ordre déterminé sur toute sa
surface; et enfin, en ce que sur divers points de celle-ci
sont répandus des bourgeons appelés *yeux*, qui produisent
des rameaux portant des feuilles et des fleurs. Ce sont ces
yeux qui permettent de partager les pommes de terre en
plusieurs morceaux quand on les plante.

41. Anciennement, on nommait le bulbe et le tubercule
racines bulbeuses, racines tubéreuses; mais cette manière
de parler est évidemment inexacte, puisqu'il est facile de
constater que le bulbe et le tubercule verdissent par l'action de la lumière. On ne peut plus donner ces noms qu'à
certaines racines charnues, qui, comme celle des *orchis*
(fig. 10), des *dahlias* (fig. 9), ne sont, à proprement parler,
ni des tubercules, ni des bulbes.

42. De ces humbles tiges souterraines au *stipe* magnifique du palmier et au *tronc* gigantesque du peuplier et du
sapin la distance paraît énorme, et pourtant leur mode
de développement est tout à fait identique. C'est dans ces
tiges colossales qui portent jusqu'aux nues leur couronne

(1) De *tuber*, truffe.

majestueuse, et semblent défier les siècles et les vents,
qu'il convient le mieux d'étudier le mode de croissance
des végétaux.

Questionnaire.

Qu'est-ce que la tige ? — Quels sont ses caractères distinctifs ? — Qu'entend-on par souche, par bulbe et par tubercule ? — Pourquoi ne sont-ils pas des racines ?

§ 3. — *Mode de croissance des végétaux* (1).

Pour le faire mieux comprendre, nous devons placer
auparavant quelques détails sur les *éléments* dont les
plantes se composent, sur les *tissus* dont elles sont formées, sur le *fluide* qui les nourrit, et ensuite nous
pourrons voir plus clairement la manière dont ce fluide
circule dans leur intérieur, et par là leur mode de croissance.

† Eléments des végétaux.

43. Les éléments primitifs des plantes sont : le *carbone*,
qui prédomine et qui sert d'aliment à nos brasiers ; l'*hy-
drogène*, qui s'en échappe en flamme brillante ; une grande
quantité d'eau, qui, à la combustion, s'exhale en vapeur,
et l'*oxygène*, dont l'action se manifeste dans le vinaigre
de bois et dans les sels alkalins ou terreux qui se trouvent
dans leurs cendres, et dont les plus importants sont la
potasse et la soude.

Outre ces trois éléments constitutifs, on trouve encore
dans les végétaux divers éléments accessoires : c'est ainsi
qu'il y a de l'*azote* dans les champignons, du *soufre* dans
les crucifères, du *fer* dans les rubiacées, de la *silice* dans
les tiges des graminées, etc., etc.

(1) Si quelques passages de ce paragraphe paraissent trop abstraits,
les commençants pourront les laisser à une première lecture.

Ces divers éléments, combinés entre eux par la divine
sagesse, et mis en mouvement par la force vitale qu'elle
imprime à la plante au moment de la végétation, forment
les différents tissus dont les plantes se composent, et qu'on
nomme pour cela *tissus* ou *organes élémentaires*. On ne
peut bien les observer qu'à l'aide du microscope. Les
organes composés ou *proprement dits* sont ceux qui, formés
par la combinaison des organes élémentaires, deviennent
les agents de la vitalité. Tels sont la racine, la tige, les
feuilles, les fleurs et le fruit.

†† Tissus élémentaires.

44. Le mot de *tissu*, qui convient aussi bien aux animaux qu'aux végétaux, indique que leur contexture est
analogue à une série de mailles plus ou moins lâches ou
serrées, formant par leur réunion comme l'étoffe dont la
plante se compose.

Il y a deux espèces de tissus élémentaires : le *tissu cellulaire* et le *tissu vasculaire*.

A. TISSU CELLULAIRE.

45. Il est ainsi nommé parce qu'il est formé de *cellules*.
On appelle *cellules* de petites vessies formées par des cloisons qui leur sont propres, et contenant une substance
liquide, demi-fluide ou solide (fig. 15). D'abord transpa-
rentes, elles se colorent peu à peu, et le plus souvent en
vert. Elles ne sont en réalité que soudées entre elles ; mais
insensiblement elles se durcissent tellement, elles deviennent en même temps si adhérentes, que leurs cavités
paraissent creusées dans une masse continue. Leurs parois,
tantôt minces, tantôt très-épaisses, ont leur surface quelquefois unie, quelquefois marquée d'un certain nombre
de points et de lignes. Ces points et ces lignes ont été pris
longtemps pour des pores ou des fentes, mais on a reconnu

aujourd'hui qu'ils ne sont que de simples inégalités dans l'épaisseur de la cloison.

46. Les dimensions des cellules sont variables selon la consistance du tissu. Quand celle-ci est molle, comme il arrive, par exemple, dans la *moelle* du *sureau*, les cellules sont toujours plus larges. Toutefois, elles ne prennent jamais un grand développement, puisque les plus volumineuses qu'on ait observées n'ont qu'un millimètre cube.

Leur forme est naturellement sphérique ou sphéroïde : mais, avec l'âge, elles deviennent si serrées entre elles, que la pression les rend tantôt ellipsoïdes, tantôt polyédriques, quelquefois même aplaties en une lame très-mince.

47. Les cellules étant ordinairement arrondies ou de forme irrégulière, laissent entre elles des espaces vides nommés *méats* (1) ou *lacunes*. Les *méats* sont destinés à la transmission de la sève. Les *lacunes* ont probablement pour fonction de recevoir le gaz des cellules environnantes, et de contenir pendant un certain temps l'air extérieur qui s'est introduit dans la plante. Les plantes submergées offrent des lacunes plus grandes, plus régulières, moins nombreuses que celles qui existent dans le tissu cellulaire vert; elles ne communiquent pas avec l'air extérieur, et sont probablement des organes de respiration.

48. Le tissu cellulaire existe seul dans la moelle des végétaux et dans les jeunes pousses des plantes, presque seul aussi dans les parties charnues de certains fruits.

B. TISSU VASCULAIRE.

49. Il tire son nom des *vaisseaux* dont il est formé. On appelle *vaisseaux* (fig. 16) des tubes allongés, tantôt cylindriques, tantôt en forme de fuseau, ordinairement étran-

(1) De *meatus*, passage.

glés de distance en distance. On observe aisément ce tissu dans une lame de bois coupée dans sa longueur. Elle présente des fibres compactes traversées par de petits canaux vides et communiquant entre eux : ce sont les *vaisseaux*.

50. On divise les *vaisseaux* en deux grandes classes. Ce sont : 1° les *vaisseaux ordinaires ;* 2° les *vaisseaux propres*.

1° LES VAISSEAUX ORDINAIRES ont leurs parois toujours plus ou moins sculptées. Ce sont des tubes droits qui ne se ramifient pas ou se ramifient peu. Les plus remarquables sont les *vaisseaux poreux*, les *vaisseaux en chapelets*, les *vaisseaux fendus* ou *fausses trachées*, les *trachées* et les *vaisseaux mixtes*.

Les *vaisseaux poreux* (1) sont des tubes criblés de petits trous disposés par lignes transversales; on les appelle aussi *vaisseaux ponctués* (fig. 16 *p*).

Les *vaisseaux en chapelet* sont des tubes poreux successivement gonflés et étranglés d'espace en espace. On les trouve principalement au point de jonction de la racine et de la tige, de la tige et des branches, etc. (fig. 16 *c*).

Les *vaisseaux fendus* ou fausses trachées sont, suivant l'opinion la plus adoptée, des tubes coupés par des fentes transversales (fig. 16 *f*).

Les *trachées* (fig. 16 *t*) sont des tubes formés par un ou plusieurs fils d'un blanc nacré s'enroulant en spirale, de façon que le tout a la plus grande ressemblance avec les élastiques en fil de laiton qu'on met dans les bretelles. A leur extrémité, les trachées finissent par une sorte de cône plus ou moins aigus. Dans les végétaux dicotylédonés, on les observe autour de la moelle; et dans les monocotylédonés, c'est ordinairement au centre des filets ligneux. Ils se trouvent quelquefois dans les racines; mais on ne les rencontre jamais dans l'écorce ni dans les couches an-

(1) De πόρος, ouverture.

nuelles du bois. C'est dans les tiges des *roses trémières* qu'on les distingue le mieux.

Les *vaisseaux mixtes* sont, comme leur nom l'indique, ceux qui participent à la fois de la nature de tous les autres, c'est-à-dire qu'ils sont alternativement en chapelet, poreux, fendus et en spirale, dans les divers points de leur étendue.

2° LES VAISSEAUX PROPRES sont ainsi nommés parce qu'ils servent à conduire un suc propre à la plante dans laquelle ils se rencontrent, tandis que les vaisseaux ordinaires ne servent qu'à conduire la sève. Ils diffèrent des vaisseaux ordinaires par leur contexture. Leurs parois sont toujours unies, sans aucune sculpture ; et, au lieu d'être fermés aux deux bouts, ils communiquent librement entre eux, formant par leur réunion un réseau diversement ramifié.

51. D'après leur structure intime, les végétaux se distribuent en trois groupes.

Le premier groupe comprend les espèces de l'ordre le plus inférieur. Ces plantes, privées de vaisseaux et nommées pour cette raison *plantes cellulaires*, appartiennent aux acotylédones ou cryptogames. Tels sont les nostocs, qui ont l'apparence d'une gelée ; les conferves, qui sont composées d'un simple rang de cellules placées bout à bout, ou bien qui, dans une substance épaisse et homogène, offrent des vides tubulés ; les champignons et les lichens, dans lesquels on ne remarque qu'un tissu cellulaire plus ou moins allongé, semblable quelquefois à un feutre ; les algues, qui ne sont encore formées que de tissu cellulaire, mais qui en présentent assez nettement trois modifications différentes, savoir : des cellules régulières, des cellules à cavité prolongée en tubes, et des cellules allongées ou ligneuses.

Le deuxième groupe comprend les végétaux d'un ordre plus relevé, qui ont, outre les modifications du tissu cellulaire, des trachées, des fausses trachées et des vaisseaux poreux, mais dans lesquels la direction des vaisseaux et l'allongement du tissu ont lieu uniquement de la base au sommet de la tige. Telles sont la plupart des plantes monocotylédones.

Le troisième groupe renferme les végétaux dont la structure est la plus compliquée. Ils offrent, comme ceux du groupe précédent, toutes les modifications du tissu cellulaire et vasculeux ; mais l'allongement de ces parties organiques s'opère chez eux, non-seulement de la base au sommet, mais encore du centre à la circonférence. Telles sont la plupart des plantes dicotylédones.

52. Les plantes des deux derniers groupes, c'est-à-dire celles qui, outre des cellules, ont encore des vaisseaux, se nomment *plantes vasculaires*. La destination générale des vaisseaux est d'établir des canaux de circulation dans l'intérieur de la plante. Ils en sont comme les *veines* et les *artères*, et supposent l'existence de différents fluides, dont le plus important est la *sève* (1) ou *lymphe* (2), qui, dans les végétaux, remplit les fonctions du *sang* dans l'économie animale.

☩ Sève. — Sucs propres.

53. La *sève* est un fluide incolore et transparent, formé d'eau qui tient en dissolution les divers principes solides et gazeux qui se trouvent dans les plantes. C'est elle qui, au printemps, coule si abondamment des branches de la vigne qui *pleure* quelques jours après qu'on l'a taillée. Elle tire son origine de l'humidité de la terre pompée par les racines, et de celle de l'air absorbée par toutes les parties du végétal, qui tend toujours à se mettre en équilibre avec le milieu qui l'environne.

54. La sève parcourt la plante d'une extrémité à l'autre

___

(1) Du latin *sebum*, graisse fondue.
(2) De *lympha*, eau.

dans toutes ses parties. Elle prend le nom de *sève ascendante*, quand elle va des racines aux feuilles, et celui de *sève descendante* ou *cambium*, quand elle va des feuilles aux racines. C'est à la sève descendante, obstruée dans son cours par les ligatures de la greffe, que sont dus les bourrelets circulaires qu'on remarque sur les troncs des vieux cerisiers. Le froid ralentit la marche de la sève, mais ne la suspend pas, puisque les bourgeons grossissent pendant l'hiver. La chaleur, au contraire, la rend plus active, et l'électricité la développe puissamment, comme on l'a observé par les pousses de la vigne, beaucoup plus longues dans les années d'orage.

55. Outre la sève, on distingue dans certaines plantes des *sucs propres*. Ce sont des fluides plus épais que la sève et diversement colorés. Ils sont transmis par les *vaisseaux propres* dont nous avons parlé plus haut. Ces sucs sont résineux dans le *pin*, gommeux dans le *caoutchouc*, colorés en blanc dans le *figuier* et le *pavot*, en jaune dans l'*herbe aux verrues*, etc.

Questionnaire.

Quels sont les éléments primitifs des plantes? — Que forment-ils par leur combinaison et par l'action de la force vitale? — Qu'est-ce que les organes de la plante, et combien d'espèces en distingue-t-on? — Qu'est-ce que le tissu cellulaire? — Qu'entend-on par cellules? — Quelle est leur forme, leur dimension? — A quoi sont destinés les méats et les lacunes que l'on remarque entre elles? — Qu'est-ce que le tissu vasculaire? — Qu'entend-on par vaisseaux? — Quelles sont les divererses formes des vaisseaux ordinaires? — Qu'entend-on par vaisseaux propres? — Par plantes cellulaires et plantes vasculaires? — Quelle est là structure comparée des dicotylédones, des monocotylédones et des acotylédones? — Qu'est-ce que la sève? — Comment la la divise-t-on? — Quelle est sur elle l'action de la chaleur et de l'électricité? — Qu'entend-on par sucs propres?

†††† Circulation de la sève.

56. La sève ne circule pas dans toutes les plantes et ne les développe pas de la même manière, parce que plusieurs d'entre elles manquent complètement de vaisseaux, et que, dans celles qui en sont pourvues, ils sont arrangés diversement. Etudions cette circulation successivement dans les plantes *cellulaires* et les plantes *vasculaires*, et nous verrons, par suite, comment elles croissent et se développent.

A. PLANTES CELLULAIRES.

57. Les plantes *cellulaires* sont les plus simples de tous les végétaux : elles correspondent aux acotylédones. Leur tissu n'est encore qu'une masse homogène de cellules : on n'y découvre ni fibres ni vaisseaux à travers lesquels la sève puisse monter et descendre. Tels sont les *champignons*, les *lichens*, les *algues*.

58. Dans ces plantes, la sève paraît suivre, dans chaque cellule, un courant particulier, en longeant le contour des parois. Elle monte dans un sens le long d'une paroi latérale, tourne la paroi supérieure, redescend le long de l'autre paroi latérale, puis marche horizontalement, pour recommencer à monter au point d'où elle était partie. Ce mouvement, circulaire dans chaque cellule, constitue ce que l'on nomme le phénomène de la *rotation* (1). La tige de ces plantes paraît simplement s'accroître par une addition de matière nouvelle à son extrémité. C'est de là que leur vient le nom d'*acrogènes* (2), qu'on leur donne quelquefois.

B. PLANTES VASCULAIRES.

59. L'organisation des *vasculaires*, ou plantes à vais-

---

(1) De *rota*, roue.
(2) De ἄκρον, l'extrémité, et γίνομαι, je crois.

seaux, est beaucoup plus intéressante et beaucoup mieux
connue; mais ici se présente deux nouvelles subdivisions
établies par la diversité du mode de croissance. Ces sub-
divisons correspondent aux *monocotylédones* et aux *dico-*
tylédones.

a. *Monocotylédones.*

60. Prenons pour exemple le majestueux *palmier du*
désert, dont le tronc cylindrique, nommé *stipe* (1), s'élève
uniformément et toujours sans rameaux (fig. 20).

Après la germination, les feuilles se déroulent et dé-
ploient sur le collet de la racine un faisceau circulaire.
La deuxième année, un second bouquet de feuilles part
du centre du premier, et le rejette en dehors. Mais, tandis que l'extrémité de ces feuilles se flétrit, leurs bases,
durcies et adhérentes au sommet de la racine, persistent,
et constituent, en se soudant, un anneau solide qui forme
la base du stipe. La troisième année, un troisième bouquet de feuilles produit le même effet sur le second, et
ainsi, chaque année, se forme un nouvel anneau qui se
superpose à ceux qui existaient déjà.

61. Tel est le développement de la tige des *monoco-*
tylédones. On voit par là 1° que ce développement se fait
entièrement par l'*intérieur,* c'est-à-dire que les parties
intérieures sont toujours les plus nouvelles et les plus
tendres : de là le nom d'*endogènes* (2) (croissant par le
dedans) donné à ces végétaux. Le stipe, coupé en travers
(fig. 18), ne présente pas des zônes régulières et concen-
triques de bois dur, de bois tendre et d'écorce, au milieu
desquelles est un canal renfermant la moelle, comme
nous le verrons pour les *dicotylédones :* ici la moelle remplit tout l'intérieur. Les fibres, disposées par faisceaux,
s'y trouvent dispersées sans ordre, et en quelque sorte

(1) De *stipes,* tige, tronc.
(2) D'ἔνδον, en dedans, et γίνομαι, je crois.

perdues; l'écorce, ou n'existe pas, ou n'est presque pas distincte des autres parties de la tige.

On voit par là 2° que le *stipe* des monocotylédones croît très-peu en épaisseur. En effet, le développement latéral ne peut avoir lieu qu'autant que l'anneau formé par la base persistante des feuilles de l'année précédente ne s'est point encore assez endurci, pour résister à la pression que le nouveau bourgeon tend à opérer sur lui de dedans en dehors; ce qui n'arrive pas ordinairement. Voilà pourquoi les palmiers, qui atteignent souvent 50 mètres de haut, ont une tige qui a souvent à peine 4 décimètres d'épaisseur.

On voit par là 3° que le bourgeon terminal est l'agent essentiel de l'augmentation de la tige. Celle-ci périrait si l'on retranchait ce centre de végétation. Dans les monocotylédones, il n'y a donc pas de séve descendante.

Enfin, on voit par là 4° que ces plantes ne peuvent point avoir de véritables ramifications. Si, dans nos climats, quelques monocotylédones, comme l'*asperge*, le *petit houx*, paraissent avoir des branches, il faut remarquer que les faisceaux de ces rameaux apparents ne parviennent pas au centre de la plante : ils descendent entre l'écorce et la tige, restent isolés de celle-ci, et se comportent comme elle pour leur croissance. C'est toujours leur partie extérieure qui est la plus dure.

b. *Dicotylédones.*

62. L'étude des plantes dicotylédones nous est plus facile; elle est aussi plus importante, parce qu'elles sont plus nombreuses. Pour bien comprendre leur mode de croissance et la marche qu'y suit la séve, il est nécessaire de connaître d'abord leur conformation. Leur tige se nomme *tronc* (fig. 19).

Prenons pour exemple le tronc d'un *sapin* (fig. 17). Si nous le coupons transversalement, nous verrons au centre un canal qu'on nomme *étui médullaire* (1); il renferme un petit rouleau de tissu cellulaire sec et blanchâtre : c'est la *moelle* (*m*). La moelle est entourée de couches formées de fibres et de vaisseaux fortement enlacés, plus durs et plus foncés vers le centre, plus tendres et plus blancs à l'extérieur. Ces couches se nomment les *couches ligneuses* (2) : la partie la plus tendre est l'*aubier* (3)(*a*); la partie intérieure et la plus dure forment le *bois* proprement dit (*b*). Après les couches ligneuses, on trouve l'*écorce* (*c*), résultant elle-même des deux couches, l'une intérieure, que l'on nomme *liber* (4) parce qu'elle est formée de minces feuillets se détachant les uns des autres, et l'autre extérieure. Celle-ci se compose de l'*épiderme* (5), pellicule qui recouvre toutes les parties du végétal, de l'*enveloppe herbacée*, lame de tissu cellulaire, le plus souvent verte, située au-dessous de l'épiderme, et des *couches corticales* (6) qu'il est ordinairement difficile de distinguer d'avec le *liber*, sur lequel elles sont appliquées. Une foule de rayons blanchâtres, nommés *rayons médullaires*, unissent le centre ou la moelle avec la circonférence. Telle est l'anatomie du tronc dans les arbres dicotylédonés.

Cela posé, examinons le mode d'après lequel la sève y circule.

63. En colorant l'eau que pompent les racines, on a reconnu que la sève monte par les vaisseaux de l'étui médullaire. Arrivée au sommet, et modifiée à la surface des feuilles par le contact de l'air, elle se convertit en *cambium*, et redescend en dehors de ces mêmes vaisseaux,

(1) De *medulla*, moelle.
(2) De *lignum*, bois.
(3) D'*albus*, blanc.
(4) De *liber*, écorce.
(5) D'ἐπι-δέρμα, sur la peau.
(6) De *cortex*, écorce.

entre le bois et l'écorce. Là, elle forme deux couches :
l'une qui, se joignant à l'écorce, ajoute au *liber* un nouveau feuillet; l'autre qui s'attache au bois, et l'augmente
ainsi d'un anneau concentrique. Quand l'arbre devient
grand, la sève abandonne peu à peu les vaisseaux obli-
térés de l'intérieur, qui devient alors *cœur de bois* ou *bois
dur*, et elle ne circule plus que dans les nouveaux étuis,
qui forment le *bois blanc* ou *aubier*. De là leur différence
de dureté et de couleur, si sensible dans l'*ébène*, où l'aubier est d'un beau blanc, et le cœur du bois d'un superbe
noir.

Cette théorie, vérifiée par l'expérience, explique parfaitement l'accroissement des arbres dicotylédonés, soit
en grosseur, soit en hauteur.

64. ACCROISSEMENT EN GROSSEUR. — Il résulte peu à
peu, nous venons de le voir, d'une nouvelle couche de
bois produite sous l'écorce par une partie du *cambium*
qui se solidifie. L'aubier formé l'année précédente ac-
quiert plus de densité et se change en *bois dur*. Quant au
liber, il n'éprouve aucune transformation ; seulement, il
se dilate et s'accroît par sa face interne d'un mince feuillet au moyen d'une partie du *cambium*.

65. ACCROISSEMENT EN HAUTEUR. — Quand la germination est faite, et que les feuilles séminales sont hors de
terre, la première couche de *cambium* s'organise et forme
un premier cône, lequel est composé des parois de l'*étui
médullaire* renfermant la *moelle*, et est terminé par un
bourgeon. Vers l'automne, quand cette couche est chan-
gée en *liber* et en *aubier*, son accroissement s'arrête.
Quand, au retour du printemps, la végétation recom-
mence, les sucs nourriciers et la sève dont la plante est
imbibée vivifient le bourgeon terminal, du centre duquel
s'élève une jeune pousse, qui éprouve dans son développement les mêmes phénomènes que la première. A
cette seconde en succède une troisième qui, l'année sui-

vante, est surmontée d'une quatrième, et ainsi successivement.

66. On voit par là que le tronc est formé d'une suite
de cônes allongés dont le sommet est en haut et qui s'em-
boîtent les uns dans les autres. Le sommet du cône le
plus intérieur, qui est le plus ancien, s'arrête à la base
de la seconde pousse, et ainsi des autres, en sorte que ce
n'est qu'en bas du tronc qu'on trouve autant de couches
ligneuses que la plante a d'années. Ces couches n'ont pas
toutes la même épaisseur; on a remarqué qu'elles sont
d'autant plus minces que le cône est plus allongé. Du
reste, un accident, une maladie, une saison plus ou moins
favorable peuvent modifier leur développement. On a
également observé que leur épaisseur n'est souvent pas
la même dans toute leur circonférence. Mais comme la
plus grande épaisseur correspond constamment au côté
où se trouvent les racines les plus considérables, elle résulte évidemment de la nourriture plus abondante que
celles-ci vont puiser dans la terre. C'est ainsi que, dans
les arbres placés sur la lisière des forêts, les couches
ligneuses sont toujours plus épaisses du côté extérieur,
parce que, de ce côté, les racines, n'éprouvant pas
d'obstacles, y prennent un développement considérable.

67. Chaque rameau, chaque ramuscule des arbres
dicotylédonés s'accroît en hauteur et en largeur de la
même manière que le tronc principal.

68. Cette théorie explique comment un vieux tronc de
saule ou de châtaignier peut être entièrement creux à
l'intérieur et ne recevoir la vie que par une mince lame
de bois et d'écorce; comment on peut compter les années
d'un sapin par le nombre des anneaux superposés à sa
moelle vers sa base; comment la tige et les rameaux d'un
arbre dicotylédoné sont beaucoup moins gros en haut
qu'en bas; comment, enfin, toutes ces plantes, qui offrent
les mêmes phénomènes, quoique moins distincts quand

elles ne sont qu'*herbacées*, ont reçu le nom d'*exogènes* (1),
c'est-à-dire croissant par le dehors.

Sur les lois de la physique végétale que nous venons
d'exposer sont fondés quelques procédés pour la multiplication artificielle des végétaux. Ces procédés sont la
marcotte, la *bouture* et la *greffe*. On les trouvera décrits
au dictionnaire.

Questionnaire.

*Comment la sève circule-t-elle dans les plantes cellulaires ? — D'où leur
vient le nom d'acrogènes ? — Comment la sève circule-t-elle dans les
plantes vasculaires monocotylédonées ? — Quel est leur mode de croissance ? — D'où vient qu'on les les nomme endogènes ? — Quelle est
l'anatomie d'un stipe de palmier coupé transversalement ? — Quelle
est celle d'un tronc d'arbre dicotylédoné ? — Qu'entend-t-on par moelle,
étui médullaire, bois dur, aubier, liber, enveloppe herbacée, épiderme,
écorce ? — Quelle est la marche de la sève dans les arbres dicotylédonés ? — Comment croissent-ils en grosseur, en hauteur ? — Comment compter les années d'un sapin ? — Pourquoi le nom d'exogènes
donné à toutes les plantes dicotylédonées ?*

---

§ 4. — *Parties accessoires de la tige.*

Ce sont les feuilles, les bourgeons, les branches et rameaux, les vrilles, les épines et aiguillons, les poils, les
stipules et bractées.

† Feuilles.

69. Aux plantes vasculaires seules appartiennent les
feuilles, ornement du printemps, brillante parure du végétal, principe de nos frais ombrages et riante toiture
des oiseaux. Leur abondance, leur variété, et surtout
cette teinte si douce qui semble faite pour reposer et
réjouir nos yeux, tout en elles est une œuvre de bonté,

(1) D'ἔξω, en dehors, et γίνομαι, je crois.

de grâce et de fécondité. On a remarqué que la nuance de leur verdure est toujours parfaitement harmoniée avec la couleur de la fleur, et contribue à en faire ressortir la fraîcheur et l'éclat.

70. Moins agréables encore qu'utiles, les feuilles contribuent en leur manière à l'accroissement de la plante, disons plus, à l'épuration de l'air, dont elles décomposent l'acide carbonique pour s'emparer de son carbone et lui restituer l'oxigène pur. Cette double propriété, qui les rend si importantes, résulte de leur *respiration*, phénomène non moins intéressant que celui de leur *transpiration*, de leur *sommeil* et de leurs *mouvements*. Avant de les exposer, faisons l'anatomie de la feuille et nommons quelques-unes de ses formes nombreuses.

A. PARTIES ET FORMES DES FEUILLES.

71. Ce sont des faisceaux de fibres qui, partant de la tige et se développant en minces lames, donnent naissance à la feuille. Ces fibres, au reste, ne sont que des vaisseaux, et voilà pourquoi il n'y a de feuilles que dans les plantes vasculaires. Tant que ces fibres restent unies et serrées, elles formeront ce support plus ou moins cylindrique, plus ou moins long, que l'on nomme *pétiole* (1) (fig. 47). Ce pétiole se présente sous diverses formes : le plus souvent il est *arrondi*, plus rarement *canaliculé* ou creusé d'un sillon en dessus, comme dans le *sycomore*, quelquefois *comprimé*, comme dans le *peuplier* et le *tremble* : c'est à cette dernière forme surtout qu'est due la plus grande mobilité des feuilles.

72. Bientôt les fibres du pétiole se désunissent, se ramifient diversement, et se dilatent en une sorte de *réseau* qui représente en quelque manière le squelette de la feuille. Les mailles de ce réseau sont remplies par un

(1) De *petiolus*, petit pied.

tissu cellulaire plus ou moins abondant, qui porte le nom de *parenchyme* (1). On obtient aisément ce squelette des feuilles, lorsqu'elles sont sèches, en enlevant tout le parenchyme par les petits coups répétés d'une brosse un peu dure.

73. L'évasement de la feuille porte le nom de *limbe* (2) (fig. 47 *c*); les faisceaux de fibres qui la traversent en sont les *nervures*, dont la principale, formée par le prolongement du pétiole, est la *côte* ou *nervure médiane* (3). Si cette côte partage la feuille en deux moitiés semblables (fig. 49, 50), les nervures qui s'en détachent deux à deux, étant disposées comme des barbes de plume, se nomment, pour cette raison, *nervures pennées* (4). Elles sont dites *nervures palmées* (5), quand elles se divisent dès la naissance du limbe comme les doigts de la main (fig. 54, 70, 71), sans présenter de côte médiane, mais trois, cinq, sept, neuf nervures principales, se ramifiant elles-mêmes en petites nervures pennées. Les feuilles du *chou cabus* ont leurs nervures pennées; celles de la *courge romaine* les ont palmées.

74. La disposition des nervures dans les feuilles peut servir à distinguer les monocotylédones des dicotylédones. Dans les premières, comme le *lis*, les *graminées*, les nervures sont parallèles ou convergentes (6) et sans divisions. Dans les dicotylédones, au contraire, comme la *vigne*, la *violette*, elles sont ramifiées, divergentes (7), et forment un parfait réseau. Les *aroïdacées*, appartenant à la classe des *monocotylédones*, font exception à cette règle presque constante.

(1) De παρέγχυμα, épanchement.
(2) De *limbus*, développement.
(3) De *medium*, milieu.
(4) De *penna*, plume.
(5) De *palma*, paume de la main.
(6) De *convergens*, tendant à se réunir.
(7) De *divergens*, tendant à s'écarter.

75. Si le *parenchyme* réunit toutes les nervures de manière qu'il n'y ait pas séparation totale de toutes leurs parties jusqu'à la côte médiane (fig. de 41 à 72), la feuille est dite *simple*, quels que soient ses *dentelures, lobes, divisions* ou *segments*. On nomme *feuilles composées* celles où chaque nervure secondaire, formant elle-même une petite feuille complète ou *foliole*, s'articule sur la grande côte, qui sert de commun pétiole (fig. de 73 à 80).

76. Il ne faut pas confondre la *feuille simple* avec la *feuille entière*. Celle-ci, comme dans l'œillet, n'a absolument sur ses bords aucune échancrure (fig. de 48 à 52), tandis que la feuille simple peut les avoir divisés plus ou moins profondément (fig. de 53 à 72). La feuille simple est dite *dentée*, quand les saillies sont courtes et aiguës et les enfoncements arrondis (fig. 32); *dentée en scie* ou *serrée* (1) (fig. 35), comme dans l'*ortie*, quand les dents et les enfoncements sont aigus et regardent le sommet; *crénelée*, comme dans le *lierre terrestre* (fig. 58), quand les dents sont obtuses et les enfoncements aigus. Ces dentelures peuvent elles-mêmes être découpées, et alors la feuille est *bi* ou *tridentée, bi* ou *triserrée* (fig. 62).

77. Il arrive souvent que les découpures qui bordent la feuille sont plus profondes que les précédentes. Alors la feuille est appelée *lobée* (2) (fig. 70), si ces découpures sont larges et arrondies, sans s'étendre jusqu'au milieu du limbe; *fendue* ou *fide* (3), si, sans atteindre ce milieu, elles sont aiguës et séparées par des enfoncements aigus (fig. 68); *partite* (4), si elles s'avancent plus loin que le milieu (fig. 69); *séquée* (5) ou à segments, si elles arrivent très-près de la côte du milieu (fig. 71, 72). La feuille peut être

(1) De *serra*, scie.
(2) De λοϐός, partie arrondie et saillante.
(3) De *fidi*, j'ai fendu.
(4) De *partitus*, partagé.
(5) De *secatus*, coupé.

également *bilobée, trifide, quadripartite, multiséquée* (1), selon la quantité de ses lobes, fentes, partitions ou segments. La disposition des découpures est désignée par ces mêmes désinences que l'on fait précéder du nom qui l'indique. Ainsi, la feuille est *pennatifide,* quand les divisions sont disposées latéralement comme les barbes d'une plume (fig. 69); *palmatiséquée,* lorsque les segments partent de la même hauteur du limbe, en s'écartant comme les doigts de la main (fig. 71, 72).

Les feuilles pennatifides, pennatipartites ou pennatiséquées sont dites *roncinées*, quand leurs divisions sont aiguës ou recourbées en bas, comme dans la *dent-de-lion* (fig. 66), et *lyrées* (fig. 64), quand, semblables à une lyre, elles sont terminées par un segment arrondi et beaucoup plus considérable que les autres divisions. Les feuilles *palmatiséquées* sont appelées *pédalées* (fig. 72), quand leurs segments sont disposés comme les pédales d'un piano.

78. D'après leur *figure,* les feuilles sont nommées *ovales,* quand le limbe présente la forme d'un œuf (fig. 48) : Ex. : la *grande pervenche; obovales,* quand le gros bout de l'œuf est tourné en haut (fig. 52) : Ex. : le *samole de Valérand; elliptiques,* c'est-à-dire en forme d'ellipse, ovale plus allongé et également élargi aux deux extrémités (fig. 50) : Ex. : le *muguet odorant; oblongues* (fig. 35), en ellipse allongée, au moins trois fois plus longue que large, comme dans l'*hélianthème commun; lancéolées,* oblongues, mais se terminant insensiblement en pointe très-aiguë (fig. 46) : Ex. : le *laurier-rose; linéaires,* allongées et très-étroites, comme dans la plupart des graminées (pl. 3); *subulées* ou *en alène,* quand elles finissent insensiblement en pointe très-aiguë (fig. 45) : Ex. : le *genévrier; sétacées* (fig. 80), c'est-à-dire semblables à des soies de sanglier,

(1) De *bis, ter, quater, multum,* deux fois, trois fois, quatre fois, beaucoup.

lorsqu'elles sont très-étroites, raides et aiguës, comme dans le *cèdre du Liban; capillaires*, c'est-à-dire fines et flexibles comme des cheveux : Ex. : l'*asperge* de nos jardins; *filiformes*, déliées et minces comme un fil : Ex. : les feuilles submergées de la *renoncule aquatique; spatulées*, en forme de spatule, c'est-à-dire étroites à la base, plus larges et arrondies au sommet (fig. 51) : Ex. : la *pâque-rette : en coin, cunéiformes*, à peu près comme en forme de spatule, mais plus larges et tronquées au sommet, comme dans la *saxifrage à feuilles en coin.*

79. D'après les échancrures de leur base, les feuilles sont *en cœur* (fig. 57), quand elles ont de chaque côté de l'échancrure deux lobes arrondis, et qu'elles sont moins larges au sommet : Ex. : la *violette hérissée; réniformes, en rein* (fig. 58), plus larges que hautes, en cœur à la base et arrondies au sommet : Ex. : le *lierre terrestre; sagittées* (1), c'est-à-dire en fer de flèche (fig. 59), aiguës au sommet, et à base prolongée en deux lobes pointus et presque pa-rallèles : Ex. : la *sagittaire; hastées* (2), c'est-à-dire en fer de lance (fig. 60), quand les lobes de la base sont très-écartés en dehors : Ex. : le *gouet à feuilles tachetées.*

80. En les considérant par rapport à leur pétiole, les feuilles sont *sessiles* (3) (fig. 36), quand elles en sont dé-pourvues : Ex. : le *buis; pétiolées* (fig. 35), quand elles en sont munies; *peltées* (fig. 54), lorsque le pétiole part du centre du limbe arrondi : Ex. : la *capucine.*

81. La disposition des feuilles relativement à la tige n'offre pas moins de variété, et leur a fait donner diffé-rents noms. Elles sont *radicales* (fig. 41), quand elles partent toutes du collet de la racine : Ex. : la *primevère; caulinaires* (4) (fig. 35 à 40), lorsqu'elles accompagnent la

(1) De *sagitta*, flèche.
(2) De *hasta*, lance.
(3) De *sessilis*, assis.
(4) De *caulis*, tige.

tige : Ex. : la *bourrache; florales* (fig. 83), quand elles
sont voisines de la fleur : souvent alors elles sont colorées
et ne sont pas différentes des bractées (fig. 83) : Ex. : l'o-
rigan.

On les appelle *opposées* (fig. 32), quand elles se regardent
une à une de chaque côté de la tige : Ex. : la *sauge ; géminées* (fig. 35), quand elles naissent deux à deux du même
point de la tige : Ex. : la *belladone; alternes* (fig. 36),
quand elles sont disposées une à une et comme en éche-
lons : Ex. : le *tilleul; éparses* (figr 31), lorsqu'elles sont
disposées sans aucun ordre : Ex. ; la *linaire commune;
verticillées* (1) (fig. 33), quand elles sont opposées plus de
deux à deux : Ex. : tous les *galium; distiques* (2), lorsqu'elles sont disposées sur deux lignes parallèles de chaque
côté de la tige : Ex. : l'*orme; unilatérales*, quand elles
sont toutes rejetées du même côté : Ex. : le *sceau-de-Sa-
lomon;* et *imbriquées* (3), lorsqu'elles se recouvrent en
partie comme les tuiles d'un toit : Ex. : le *thuya.*

Enfin, on les nomme *décurrentes* (4) (fig. 39), quand le
limbe ou le pétiole se prolonge sur la tige en aile adhé-
rente (fig. 39 *aa*), comme dans le *bouillon-blanc :* la tige
alors est dite *ailée; amplexicaules* (5) (fig. 37), lorsqu'elles
embrassent la tige; Ex. : le *pavot somnifère;* et *engaînantes*
(fig. 40), quand elles l'entourent d'une véritable gaîne,
comme dans le *maïs.*

82. Quant aux feuilles composées (fig. 73 à 80), elles
sont *pennées* ou *ailées* (fig. 76), quand les folioles s'articu-
lent sur les parties latérales du pétiole commun, comme
dans l'*acacia ;* et *palmées* ou *digitées* (6), lorsqu'elles partent

---

(1) De *vertex*, tour.
(2) De δις, deux, et στιχος, rang.
(3) D'*imbrex*, tuile.
(4) De *decurrere*, courir de haut en bas.
(5) D'*amplecti*, embrasser, *caulem*, la tige.
(6) De *digitus*, doigt.

toutes du sommet du pétiole commun, comme, dans le *marronnier d'Inde* (fig. 74). Alors, s'il n'y a que trois folioles, comme dans le *trèfle,* la feuille est dite *trifoliolée* (fig. 73).

83. Les folioles des feuilles composées peuvent affecter toutes les formes, subir toutes les modifications des feuilles simples, et porter, par conséquent, les mêmes noms.

Tels sont les noms les plus communs donnés aux feuilles ; quant à ceux qui ne se rencontrent que plus rarement, ils seront expliqués dans le vocabulaire.

Questionnaire.

Qu'est-ce que les feuilles? — De combien de parties se composent-elles ? — Comment les divise-t-on? — Quels sont les différents noms qui leur sont donnés?

———

B. RESPIRATION DES FEUILLES.

84. Quelles que soient la forme et la disposition des feuilles, il est à remarquer qu'une d'entre elles n'est jamais entièrement recouverte par celle qui la précède immédiatement. Cet arrangement n'est point sans but, non plus que la mince épaisseur du limbe et son extrême mobilité sur son léger pétiole. L'air en a plus de prise sur elles. Il est leur élément, le milieu dans lequel elles respirent; car elles semblent être au végétal ce que les *poumons* sont à l'homme et les *branchies* aux poissons.

Leurs deux surfaces nommées *pages*, l'une supérieure, l'autre inférieure, mais surtout celle-ci, sont criblées d'une multitude de petits trous nommés *stomates* (1), visibles au microscope. C'est par ces stomates que la plante *respire*.

————

(1) De στόμα, bouche.

La *respiration* est l'acte par lequel la plante absorbe, au moyen de ses feuilles, les gaz propres à sa nutrition, et exhale ceux qui lui seraient nuisibles ou inutiles.

85. Nous avons dit plus haut que l'air atmosphérique se compose de 21 parties d'oxygène en volume et de 79 d'azote sur 100. Il contient en outre de la vapeur d'eau en quantité variable, et environ un millième de gaz acide carbonique, qui résulte en partie de la respiration des hommes et des animaux. C'est aux dépens de cet acide carbonique, composé de 8 parties d'oxygène et de 3 de carbone en poids, que s'opère le phénomène de la respiration. Il pénètre pendant la nuit dans les feuilles par les stomates de la page inférieure. Au retour du jour et sous l'influence de la lumière, les feuilles le décomposent, retiennent le carbone et exhalent l'oxygène. Elles restituent donc avec usure à la masse de l'air atmosphérique ce même oxygène ou air vital que l'homme et les animaux lui avaient enlevé par leur respiration : combinaison admirable, où la science nous fait voir l'action incessante d'une Providence aussi simple dans ses moyens qu'ineffable dans sa sagesse.

86. L'influence de la lumière, avons-nous dit, est nécessaire à la fixation du carbone dans les feuilles et à l'exhalation de l'oxygène. En effet, lorsqu'on soustrait la plante à l'influence de la lumière, l'acide carbonique absorbé par les rameaux s'exhale par les stomates des feuilles sans avoir subi aucune décomposition, et l'oxygène n'y pénètre pour modifier les tissus que comme il le ferait dans une plante privée de vie. Voilà pourquoi les végétaux soustraits à l'action du soleil *s'étiolent*, c'est-à-dire qu'ils perdent la couleur verte, deviennent mous, et contiennent une grande proportion de principes sucrés. Les jardiniers appliquent cette théorie pour faire *blanchir* les feuilles de la chicorée et les tiges des céleris.

87. Le carbone déposé dans les feuilles les pénètre, se liquéfie, et redescend à l'état de cambium. C'est donc la respiration des feuilles qui fournit aux plantes la presque totalité du carbone dont elles sont formées; car la quantité d'acide carbonique dissous dans l'eau que pompent les racines est très-minime. Il pourrait même paraître étonnant qu'un millième d'acide carbonique, qui se trouve dans la masse atmosphérique, puisse suffire pour alimenter de carbone toutes les plantes de la terre; mais on se convaincra de la possibilité du fait en considérant que dans cet acide carbonique il entre 27 parties sur 100 de carbone, ce qui suppose environ 14 à 1500 billions de kilogrammes de carbone dans la totalité de l'air atmosphérique. Or, ce poids est bien supérieur au poids total de tous les végétaux qui existent, ou *vivants* sur notre globe, ou *fossiles* dans ses entrailles.

C. TRANSPIRATION DES FEUILLES.

88. Les feuilles ne respirent pas seulement, elles transpirent. La *transpiration* est cette fonction par laquelle la sève, parvenue dans les feuilles, laisse échapper la quantité surabondante d'eau qu'elle contenait.

C'est en général à l'état de vapeur que cette eau se répand dans l'atmosphère; mais si elle est trop abondante, si la température est peu élevée, surtout si elle passe rapidement d'un degré plus chaud à un degré plus froid, alors on voit le liquide transpirer sous forme de goutelettes limpides qui restent suspendues sur le contour, et à l'extrémité des feuilles.

89. Il est facile de se convaincre que ces goutelettes sont dues à la transpiration et non point à la rosée, comme on l'a cru longtemps et comme on le croit encore communément. Au printemps et à l'automne, quand la sève circule abondamment, on n'a qu'à mettre dans un vase une plante

vigoureuse, un *pavot*, par exemple. On interceptera toute communication avec l'air extérieur en recouvrant le pavot d'une cloche de verre, et avec la terre en recouvrant le vase d'une plaque de plomb : le lendemain on trouvera suspendue aux feuilles du pavot des gouttelettes qui n'auront pu évidemment provenir de la rosée.

90. Pour qu'une plante se porte bien, il faut qu'il y ait équilibre entre l'absorption et la transpiration ; quand une de ces fonctions s'exerce avec une force supérieure à celle de l'autre, le végétal languit et finit par périr. C'est ainsi qu'une plante qu'on laisse trop longtemps, sans l'arroser, exposée aux ardeurs du soleil, se fane et perd sa vigueur, parce qu'elle transpire beaucoup plus qu'elle n'absorbe.

91. Le rôle de la transpiration des végétaux est presque aussi grand dans la nature que celui de leur respiration, et nous est un nouveau titre à bénir la sagesse du Créateur. Si la salubrité des montagnes et des forêts résulte en partie de l'air vital que les feuilles respirent, nous devons aussi en partie à leur transpiration nos bienfaisantes rosées et nos pluies salutaires. Leurs fluides aqueux, attirant ceux de l'air, condensent les nuages ; et, tandis que les déserts sablonneux ne manquent d'eau que parce qu'ils sont privés de plantes, les majestueuses forêts qui couvrent nos montagnes sont pour nous comme de féconds réservoirs. Combien donc il serait sage, pour conserver la fertilité de notre patrie, de s'opposer à l'effroyable dévastation qui aura bientôt fait disparaître toutes nos grandes forêts !

D. SOMMEIL ET MOUVEMENT DES FEUILLES.

92. On remarque dans certaines feuilles, surtout dans celles qui sont composées et offrent des folioles articulées, comme les légumineuses, un singulier phénomène. Exa-

minez pendant la nuit un *acacia* : vous verrez ses folioles
étalées horizontalement, ou même baissées vers la terre ;
à mesure que le jour grandira, elles se redresseront, et à
midi elles deviendront presque verticales. Considérez
l'*oxalis cernua*, charmante exotique dont les fleurs dorées
peuvent, pendant l'hiver, orner nos appartements : durant
la nuit, ses trois folioles en cœur renversé sont appliquées
contre le pétiole et ressemblent à un parapluie fermé ; à
mesure que le soleil s'élève sur l'horizon, elles montent
avec lui, et sont bientôt parfaitement étalées. Ce phénomène a été nommé par Linné *sommeil des plantes ;*
il est dû à l'absence de la lumière. En effet, en portant dans une cave des végétaux à feuilles composées,
on est parvenu à les faire dormir de jour en les privant
de lumière, et à les faire veiller la nuit en les éclairant
fortement.

93. Les feuilles de certains végétaux exécutent encore
d'autres mouvements d'irritabilité qu'on ne peut attribuer
uniquement à l'action de la lumière. Tout le monde a
entendu parler de la *sensitive* (*mimosa pudica*), qui em-
bellit les forêts de l'Amérique et végète dans nos serres
chaudes. S'il fait du soleil, ses feuilles et ses folioles sont
étalées ; touchez une de celles-ci, aussitôt, comme effrayée,
elle se redresse contre celle qui lui est opposée ; successivement tous les autres de la même feuille l'imitent, et, à
la fin, celle-ci retombe comme affaissée vers la terre. L'*he-
dysarum gyrans*, espèce de sainfoin, originaire du Ben-
gale, et le *dionæa muscipula* (*attrape-mouches*), plante de
l'Amérique septentrionale, opèrent des mouvements encore plus singuliers. Le *nepenthes distillatoria* (*V. D.*) (1) a
pour feuilles de petites urnes, dont le couvercle, fermé
pendant la nuit, s'ouvre chaque matin pour montrer l'eau

_____

(1) *V. D.* (*Voyez le Dictionnaire.*) Ce signe indique que la plante y est
traitée dans un article spécial.

qu'elles contiennent et inviter le voyageur à s'en rafraîchir
sous le ciel brûlant des Moluques.

Quant à la question de la cause du mouvement des
feuilles, elle n'est point encore complètement résolue, et
de nouvelles observations sont nécessaires pour arriver à
une solution satisfaisante.

Questionnaire.

*Qu'est-ce que la respiration des feuilles? — Comment s'opère-t-elle? —
Quelle est la condition nécessaire à la respiration des plantes? —
L'acide carbonique de l'air peut-il suffire à fournir le carbone de tous
les végétaux? — Qu'entend-on par la transpiration des feuilles? —
Est-elle différente de la rosée du matin? — Joue-t-elle un grand rôle
dans la nature? — Qu'est-ce que le sommeil des feuilles, et dans
quelles plantes l'observe-t-on? — A quoi est-il dû? — Les feuilles
n'ont-elles pas aussi d'autres mouvements d'irritabilité? — En con-
naît-on la cause?*

---

†† Bourgeons.

94. Vers la fin de l'été, à l'époque de la seconde sève,
on remarque dans nos arbres, à l'aisselle des feuilles et à
l'extrémité des rameaux, un *œil* ou *bourgeon* qui grossit
peu à peu (fig. 24); c'est la promesse des feuilles et des
fruits de l'année suivante; c'est le berceau du nouveau
germe : il l'enferme, l'enveloppe et le défend du froid.
Prenez le plaisir, au mois de mars, de faire l'anatomie
d'un bourgeon de marronnier (fig. 25). A l'extérieur, de
petites écailles, durcies et imprégnées d'un enduit vis-
queux, le rendent imperméable; à l'intérieur, un duvet
épais et moelleux lui fait une seconde enveloppe. Sous ce
dernier abri sont les feuilles et les fleurs parfaitement
formées, mais si bien appliquées, pliées, plissées, roulées
les unes dans les autres, qu'il est impossible de ne pas
admirer la main qui a su renfermer tant de richesses dans
un si petit espace. Aussitôt que la chaleur du printemps

rend à la sève son activité, les écailles s'entr'ouvrent, les liens tombent, et les jeunes feuilles s'éparpillent avec la fraîcheur et la grâce de l'enfance.

95. C'est le moment le plus favorable pour observer la *préfoliation*. On nomme ainsi le disposition des jeunes feuilles dans le bourgeon de manière à occuper le moins de place possible. Les botanistes qui l'ont étudiée l'ont trouvée soumise à des lois constantes pour les mêmes espèces, les mêmes genres, et quelquefois les mêmes familles.

96. Les modes de préfoliation les plus ordinaires sont les suivants :

Les feuilles sont :

1° *Appliquées* face à face, comme dans la *mélisse* ;

2° *Pliées* tantôt en longueur, moitié sur moitié, dans le sens de la côte médiane, comme dans le *syringa* ; tantôt de haut en bas et plusieurs fois sur elles-mêmes, comme dans l'*aconit* ;

3° *Plissées* suivant leur longueur, de manière à imiter les plis d'un éventail, comme celles de la *vigne*, des *groseilliers* ;

4° *Roulées*, sur elles-mêmes : tantôt c'est sur leurs bords, comme dans les *renouées* ; tantôt c'est autour des côtes médianes servant d'axe commun, comme dans l'*abricotier* ; tantôt c'est la côte médiane elle-même qui l'est comme une crosse d'évêque : telles sont les *fougères*.

97. Les bourgeons ne sont pas seulement *foliifères*, c'est-à-dire ne renfermant que des feuilles ; il en est qui sont *florifères*, ne contenant que des fleurs sans feuilles, et d'autres qui sont *mixtes*, renfermant à la fois des feuilles et des fleurs. Ainsi, les bourgeons qui terminent la tige du *bois-gentil* sont *foliifères* ; les *poiriers* et les *pommiers* ont des bourgeons *florifères*, et ils sont *mixtes* dans le *lilas*. Les jardiniers se trompent rarement sur la nature du bourgeon ; ils le reconnaissent, en général, d'après sa

forme. Le bourgeon *florifère* ou bourgeon *à fruit* est assez gros, ovoïde et arrondi; le *foliifère* est, au contraire, effilé; allongé et pointu. C'est sur cette connaissance qu'est fondée la greffe des bourgeons *à fruit*.

98. Les plantes herbacées n'ont pas de bourgeons proprement dits; mais dans les plantes *vivaces*, c'est-à-dire celles dont la racine subsiste indéfiniment et dont la tige se flétrit chaque année, il se forme au *collet* un bourgeon souterrain qui doit réparer cette même tige l'année suivante; il se nomme *turion* (1): l'asperge que nous mangeons n'est autre chose que son turion qui s'allonge. Du reste, le turion ne diffère du bourgeon aérien que par sa position toujours souterraine.

††† Branches et rameaux.

99. Les *branches* comme les *rameaux* commencent toutes par un bourgeon; mais les branches sont les divisions de la tige, et les rameaux et ramuscules celles des branches et des rameaux (fig. 23). Ceux-ci comme celles-là offrent une organisation toute semblable à celle de la tige principale sur laquelle elles sont pour ainsi dire plantées.

100. Les bourgeons ne se développent pas tous; cependant les branches et les rameaux conservent la régularité qu'on observait dans les feuilles qui marquaient leur point de départ. Ils sont donc *alternes* dans le *chêne*, *opposés* dans le *marronnier*, *verticillés* dans le *pin* et le *sapin*. Ils affectent, du reste, une grande variété dans leur direction. Ils sont *dressés* dans le *peuplier d'Italie*, *étalés* dans le *griottier*, *divergents* dans l'*érable*, *pendants* dans le *saule-pleureur*. Mais l'angle que dans le principe le rameau formait avec la tige se trouve de plus en plus ouvert par le

(1) De *turio*, tendron.

poids des feuilles, des fruits et des ans, comme aussi par
leur besoin d'air et de lumière.

†††† Vrilles.

101. Les *vrilles* (fig. 28 *v*) sont le plus ordinairement
des espèces de petits rameaux sans feuilles, beaucoup plus
souples que les autres, qui, se roulant comme un tire-
bouchon, s'accrochent aux corps voisins : ainsi les *pampres*
de la vigne, que tout le monde connaît, sont des *vrilles*
pour le botaniste. Les vrilles sont comme des mains que la
Providence a données aux tiges faibles, flasques et *sar-
menteuses* pour se soutenir, s'élever et exposer leurs fruits
à l'action du soleil.

102. Ce ne sont pas toujours des rameaux dégénérés
qui rendent ce bon service aux tiges sans consistance;
elles le doivent souvent à d'autres organes. Tantôt, comme
dans la *clématite*, ce seront les longs pétioles de leurs
feuilles qui se rouleront autour des supports voisins; tantôt,
comme dans le *pois cultivé* et la *gesse des prés*, ce sera la
côte médiane qui s'allongera et se terminera en ficelle
accrochante; quelquefois même ce sera le pédoncule de la
fleur, comme dans la *grenadille*. La tige est dite *volubile* (1)
(fig. 21), lorsque, manquant de vrilles, elle entoure de ses
longues spirales, comme dans le *convolvulus* de nos jardins,
les soutiens que la nature ou les mains de l'homme lui ont
présentés.

††††† Epines et aiguillons.

103. Ces deux mots, assez souvent confondus dans le
langage ordinaire, ont beaucoup de différence aux yeux
des botanistes. Ils voient dans l'*épine* (fig. 26 *e*) une pointe
droite et aiguë, essentiellement fibreuse, faisant corps

(1) De *volubilis*, qui s'enroule.

avec le rameau ou la feuille qui la soutient, et ne pouvant
en être détachée sans rupture des fibres; tandis qu'ils n'a-
perçoivent dans l'*aiguillon* (figure 27 *a*) qu'une espèce de
poil endurci, de structure cellulaire, se détachant, sans
aucun lien intérieur, de l'épiderme auquel il adhère. Le
prunier sauvage a des épines, le *rosier* n'a que des aiguillons.

104. Les unes et les autres, dans tous les cas, sont une
armure puissante donnée au végétal pour le protéger; et
cela est si vrai, que les arbres très-épineux à la base le
sont beaucoup moins, et même ne le sont pas du tout,
quand ils ont atteint une hauteur respectable; on en trouve
dans le *houx* une preuve frappante. Si donc nous devons
regarder les épines comme les productions d'une terre
maudite, sachons néanmoins les reconnaître comme la
sauvegarde de nos jeunes plantes et comme l'enclos de nos
moissons. En apercevant le flocon de laine que l'*épine* du
prunellier ou l'*aiguillon* de l'*églantier sauvage* ont enlevé
à la toison de la brebis pour le nid du chardonneret ou du
pinson, levons les yeux plus haut, et bénissons une main
toujours bienfaisante, même dans ses châtiments.

†††††† Poils.

105. Les *poils*, si souvent répandus à la surface des
tiges et des feuilles, sont de minces organes filamenteux,
assez semblables en apparence aux poils des animaux;
mais leur structure anatomique est plus simple. Elle résulte d'une ou de plusieurs cellules allongées et pressées.
Ils sont ordinairement effilés et sans divisions; ils se
nomment alors *simples* et *capillaires* (1). D'autres fois, ils
se montrent *en massue* (*fraxinelle*), *rameux* (*bourrache*),
bifurqués, *trifurqués*, *étoilés* (*arabis hirsuta*), *glandu-*

_____

(1) De *capillus*, cheveu.

4

lifères (*rosa rubiginosa*), c'est-à-dire portant une glande.

106. La surface que recouvrent les poils prend différents noms d'après leur consistance et leur disposition. Elle est est dite *pubescente* (1), quand elle est garnie de poils fins, doux, rapprochés (*saxifrage granulée*) : *poilue*, quand ils sont longs, mous et peu nombreux (*renoncule âcre*); *velue*, quand ils sont longs, mous et très-rapprochés (*renoncule des bois*); *soyeuse*, quand ils sont fins, soyeux et couchés (*alchemille des Alpes*); *cotonneuse*, lorsqu'ils sont longs, blancs et doux au toucher (*argentine, épiaire germanique*); *tomenteuse* (2), s'ils sont courts, serrés et entremêlés comme ceux du drap (*jeunes coings*); *laineuse*, lorsqu'ils sont longs, un peu crépus et rudes (*andryale sinuée*); *floconneuse* ou *en toile d'araignée*, quand ils forment des paquets blancs et comme un réseau (*cirse lancéolé*); *hispide*, quand les poils sont longs et raides (*bourrache*); et *ciliée*, quand les poils sont disposés par lignes régulières (*véronique petit-chêne*).

Par opposition, une surface est *glabre* (3), quand elle est nue et sans poils quelconques (*poirier, laurelle*).

107. La destination la plus probable des poils est de multiplier les points d'absorption dans les plantes qui en sont pourvues. Ce qui le ferait croire, c'est que la page inférieure des feuilles, qui aspire plus que la page supérieure, a ordinairement plus de poils; c'est que les plantes qui croissent dans le Midi sont généralement plus velues que celles du Nord, et que les végétaux aquatiques n'en présentent que très-rarement.

††††† Stipules et bractées.

108. Les *stipules* (4) (fig. 42, 43 *ss*) sont de petits organes

(1) De *pubes*, duvet d'un jeune menton.
(2) De *tomentum*, bourre.
(3) De *glaber*, lisse.
(4) De *stipare*, accompagner.

ordinairement *foliacés*, comme dans la *pensée*, quelquefois *membraneux* et *scarieux* (1), comme dans quelques *trèfles*, ou même *spinescents* (2); comme dans l'*épine-vinette*, qui accompagnent de chaque côté le pétiole de la feuille. Les stipules offrent un caractère important pour la distinction des familles : ainsi, les *légumineuses* et les *rosacées*, si nombreuses en espèces, en sont presque toutes pourvues. Le plus communément elles adhèrent à la feuille, mais elles sont quelquefois si caduques, comme dans le *prunier*, qu'on en croirait la plante dépourvue. Il importe alors d'étudier la feuille à son premier développement. Il arrive que les divisions des feuilles composées ont chacune de petites stipules, comme dans le *pigamon à feuilles d'ancolie*; on les nomme alors des *stipelles*.

109. Les *bractées* (3) nous offriront une transition toute naturelle de la tige à la fleur. Ce sont des feuilles dissemblables des autres non-seulement par la grandeur, mais encore par la figure et très-souvent par la couleur. Elles tiennent comme une espèce de milieu entre les feuilles et les fleurs, terminent ordinairement la tige et protégent les fleurs qui partent de leur aisselle. Sous ce dernier rapport, elles se rapprochent beaucoup des *involucelles* et des *spathes*, dont nous parlerons dans l'article suivant. Nous citerons comme plantes à bractées remarquables les belles *sauges* cultivées dans les jardins, le *mélampyre des champs* et les *pédiculaires*.

Questionnaire.

Qu'entend-on par bourgeons? — Qu'est-ce que la préfoliation? — Quels sont les modes de préfoliation les plus ordinaires? — Quelles sont les différentes espèces de bourgeons? — Qu'entend-on par turion? — Par branches, rameaux et ramuscules? — Quelles sont leurs principales

(1) Semblables à une petite peau sèche.
(2) De *spina*, épine.
(3) De *bractea*, feuille brillante.

dispositions? — Qu'est-ce que les vrilles? — Quelle différence y a-t-il entre les épines et les aiguillons? — Qu'entend-on par poils? — Quelle est leur forme, leur destination? — Quels sont les noms que leur disposition et leurs formes diverses font donner aux organes qu'ils recouvrent? — Que sont les stipules? — Qu'entend-on par bractées?

ARTICLE IV.

QUATRIÈME AGE DE LA PLANTE. — FLORAISON.

110. Jusqu'à présent nous avons vu la plante naître et grandir, nous avons étudié les organes qui servent à la nourrir et à la développer; nous allons maintenant examiner ceux dont l'action tend à renouveler et à perpétuer l'espèce.

111. Du milieu de feuilles s'élance un *bouton*, dont la forme nouvelle annonce d'autres merveilles. Le bouton, c'est la fleur elle-même, mais encore fermée, cachée à tous les yeux, et couverte de son enveloppe foliacée. L'ouverture du bouton est toujours attendue avec impatience; car avec lui s'ouvre la plus belle période de la vie de la plante, celle de sa *floraison*.

Nous y verrons successivement le mode d'insertion de la fleur, son inflorescence, sa préfloraison, ses diverses parties, ses anomalies, son époque et sa durée.

§ 1er. — *Mode d'insertion de la fleur.*

112. La fleur peut être fixée de deux manières à la tige, aux branches et aux rameaux qui la soutiennent. Tantôt elle y repose immédiatement par sa base, sans le secours d'aucun support, et alors elle est dite *sessile*; tantôt elle est fixée par une espèce de pied, qu'on nomme vulgairement sa *queue*, et en botanique son *pédoncule* (1) (fig. 81

(1) De *pes*, pied.

p), et alors la fleur est appelée *pédonculée*. Le *pédoncule* est à la fleur ce que le *pétiole* est à la feuille. Le pédoncule peut être simple ou divisé; quand il est divisé, ses ramifications portent le nom de *pédicelles* (1). La fleur de l'*abricotier* est *sessile*; celle de l'*œillet* ordinaire est *pédonculée*; chacune des fleurs qui composent la grappe du *lilas* est *pédicellée*, et, dans le *bluet*, le pédoncule est simple.

113. Quand le pédoncule part immédiatement d'un assemblage de feuilles radicales, il porte le nom spécial de *hampe* : les *narcisses*, les *jacinthes*, les *primevères* ont une hampe. Le pédoncule est *axillaire* (2), quand il naît à l'aisselle des feuilles (fig. 84) (*acacia*); *latéral* (3), quand il a son origine sur la tige ou les rameaux, mais non à l'aisselle des feuilles (*bec-de-grue*); *terminal*, lorsqu'il termine la tige et paraît n'en être que la continuation (*lilas*) (fig. 85).

Le pédoncule comme la hampe sont appelés *uni, bi, tri, multiflores*, selon qu'ils portent une, deux, trois ou plusieurs fleurs.

§ 2. — *Inflorescence.*

114. On nomme *inflorescence* (4) la disposition que les fleurs affectent sur la tige ou sur les organes qui les supportent. Elles se montrent avec une grande variété.

Les fleurs sont *solitaires* (fig. 81), quand elles naissent seule à seule, à différents points de la tige, et à d'assez grandes distances les unes des autres. Les *fleurs solitaires* peuvent être *terminales* ou *axillaires*, selon qu'elles se développent au sommet de la tige ou à l'aisselle des feuilles. La fleur de la *tulipe* est solitaire et terminale; les fleurs de la *pervenche* sont solitaires et axillaires.

(1) De *pediculus*, petit pied.
(2) D'*axilla*, aisselle.
(3) De *latus*, côté.
(4) D'*inflorescere*, fleurir.

115. On appelle *géminées* les fleurs qui sortent deux à deux d'un même point de la tige; *ternées*, celles qui en sortent trois à trois; *fasciculées*, c'est-à-dire en faisceaux, celles qui naissent plus de trois ensemble d'un même point; *verticillées* (fig. 83), celles qui sont disposées en anneaux autour d'un même cercle de la tige. Le *vicia sativa* (gesse cultivée), qu'on trouve dans nos moissons, offre un exemple de fleurs géminées; la *germandrée à fleurs jaunes*, qui croît dans le Midi, les a ternées; le *cerisier commun* les a fasciculées; et l'*ortie blanche*, le *servolet* les ont verticillées.

116. D'autres fois les fleurs sont disposées en *épi*, *grappe, panicule, thyrse* ou *capitule :* en *épi* (fig. 82 bis), quand elles sont sessiles ou presque sessiles sur un pédoncule commun non divisé; en *grappe* (fig. 84), quand les fleurs sont pédonculées sur l'axe commun : le *cytise aubour* a des grappes; en *panicule* (1) (fig. 82), lorsque l'axe commun se ramifie, et que ses divisions secondaires sont très-allongées et écartées les unes des autres : l'*avoine*, le *roseau* ont leurs fleurs en panicule, en *thyrse* (2) (fig. 85), lorsque, comme dans le *lilas*, les axes secondaires du milieu de la panicule s'allongeant plus que ceux de la base et du sommet, l'inflorescence a la forme d'un œuf : les fleurs y sont plus serrées que dans la panicule; et enfin en *capitule* (3), quand les fleurs sont très-serrées et rapprochées au sommet du pédoncule, de manière à former une tête plus ou moins arrondie. comme dans le *trèfle.*

117. Dans ces modes d'inflorescence, en épi, en grappe, etc., les fleurs sont toujours plus ou moins en recouvrement, de manière à former une espèce de cône, soit penché, comme dans l'*acacia*, soit dressé, comme dans le

---

(1) De *paniculus*, petit panache.
(2) De θύρσος, sceptre de Bacchus environné de pampre et de lierre.
(3) De *caput*, tête, sommet.

troëne. Dans les trois modes qui suivent, elles sont disposées en plateau horizontal. Ce sont le *corymbe*, la *cyme* et l'*ombelle*.

Le *corymbe* (1) (fig. 87) existe, quand les pédoncules et les pédicelles, partant de points différents, arrivent à peu près à la même hauteur : Ex. : l'*achillée mille-feuilles*.

La *cyme* (2) (fig. 88) a lieu, lorsque les pédoncules partent d'un même point, et les pédicelles de points différents, mais qu'ils parviennent les uns et les autres à la même élévation : Ex. : le *sureau*, le *cornouiller sanguin*.

Enfin, dans les fleurs en *ombelle* (3), les pédoncules partent du même point pour arriver à la même hauteur. L'*ombelle* est *simple* (fig. 90), quand les pédoncules ne sont pas ramifiés; elle est *composée* (fig. 89), lorsque les pédoncules se ramifient en pédicelles qui, comme eux, partent tous de la même hauteur et portent les fleurs au même niveau, de manière à figurer un parasol étendu. L'*oignon de Florence* a les fleurs en ombelle simple; la *racine jaune* offre une ombelle composée.

Tels sont les modes d'inflorescence les plus ordinaires.

§ 3. — *Préfloraison*.

118. On appelle *préfloraison* (4) la disposition que les diverses parties d'une fleur affectent dans le bouton. Elle n'est pas moins admirable que la préfoliation, et a, comme elle, son importance, puisqu'étant en général la même dans le même genre, et quelquefois dans la même famille, elle peut servir de caractère pour les distinguer.

Ouvrez un bouton de rose, vous y trouverez les pétales

(1) De χόρυμϐος, sommet.
(2) De χῦμα, vague.
(3) D'*umbella*, parasol.
(4) De *præflorere*, fleurir avant.

se recouvrant latéralement les uns les autres par une petite portion de leur largeur : c'est ce que l'on nomme la *préfloraison imbriquée*.

Séparez les deux écailles vertes qui cachent les pétales d'un *pavot* avant leur épanouissement, vous les trouverez pliés sur eux-mêmes en tous sens : c'est ce que l'on nomme la *préfloraison chiffonnée*.

Le *lierre* qui grimpe contre nos vieux murs nous donne un exemple de la *préfloraison valvaire* (1), c'est-à-dire des fleurs dont les pétales sont, dans le bouton, rapprochés bords à bords, comme les battants d'une porte double.

Dans le bouton de la *pervenche*, des *mauves* ou de cette belle *oxalis cernua* dont nous avons parlé à propos du sommeil des feuilles, nous trouverons la *préfloraison spiralée*.

La *belle-de-jour*, le *liseron* ont leur corolle pliée sur elle-même à la manière des filtres de papier : c'est la *préfloraison pliée*.

Enfin, dans le long calice de nos beaux *œillets flamands*, nous verrons un modèle de la *préfloraison quinconciale*, c'est-à dire que nous trouverons les pétales au nombre de cinq (il ne s'agit que de l'*œillet simple*), disposés de telle sorte qu'il y en a deux intérieurs, deux extérieurs, et un cinquième qui recouvre les intérieurs par un de ses côtés et les extérieurs par l'autre.

Tels sont les modes de préfloraison qui se rencontrent le plus fréquemment.

Questionnaire.

Qu'est-ce que le bouton des fleurs? — Comment s'appelle le pied qui les supporte? — Quelle différence entre le pétiole, le pédoncule, le pédicelle, la hampe? — Qu'entend-on par inflorescence? — Par fleurs solitaires, géminées, ternées, fasciculées, terminales, latérales ou ver-

(1) De *valva*, battant de porte.

ticillées? — Par fleurs en épi, en grappe, en panicule, en thyrse, en capitule? — Par fleurs en corymbe, en cyme, en ombelle? — Qu'est-ce que la préfloraison? — Quand la nomme-t-on imbriquée, chiffonnée, valvaire, spiralée, pliée, quinconciale?.

---

§ 4. — *Parties de la fleur.*

119. La fleur ne se compose pas uniquement de la partie colorée qui charme nos regards; c'est la plus brillante, mais non la plus essentielle. Aux yeux du botaniste, pour qu'une fleur soit *complète* (fig. 102), elle doit avoir quatre parties bien distinctes. Ce sont, en allant de la circonférence au centre, le *calice*, la *corolle*, les *étamines* et le *carpelle*. Une fleur dépourvue d'un seul de ces organes est regardée comme *incomplète*. Elle est donc incomplète dans le *lis*, parce qu'elle manque de calice, et très-complète dans l'*œillet*, parce qu'elle y présente *calice, corolle, étamines* et *carpelle*.

120. Parmi ces quatre parties, toutes n'ont pas un égal degré d'importance pour la conservation de l'espèce. Les *étamines* et le *carpelle* sont seul essentiels, étant destinés à reproduire la plante dans la graine; on les nomme pour cette raison *organes reproducteurs*. A la rigueur, le *calice* et la *corolle* peuvent manquer, ou l'un ou l'autre, ou même tous deux; n'ayant pour destination spéciale que de protéger les *étamines* et le *carpelle*, ils sont nommés *organes protecteurs*. Pour mieux suivre la marche de la nature, qui nous les offre les premiers, nous allons décrire ceux-ci; viendront ensuite les *organes reproducteurs*, et enfin, après eux, certains organes accessoires compris par les botanistes sous le nom de *nectaires*.

† Organes protecteurs.

Ce sont, comme nous l'avons dit, le *calice* et la *corolle*.

A. CALICE.

121. La forme du *calice* explique son nom, c'est l'enveloppe la plus extérieure d'une fleur complète (fig. 102 c, 103 c, 106 c, 107 c). Il est régulièrement de couleur verte et de nature foliacée; quand il est coloré autrement qu'en vert, on l'indique toujours dans les descriptions.

122. D'après les anatomistes, le calice fait suite à l'écorce du pédoncule, et n'en est que le développement. Or, comme toutes les fois que les étamines et le carpelle n'ont qu'une seule enveloppe florale, elle fait suite à l'écorce du pédoncule, on est obligé de dire, dans la rigueur du langage scientifique, que l'enveloppe florale simple est toujours un calice, quelle que soit sa couleur. Voilà pourquoi toutes les monocotylédones n'ont en réalité qu'un calice et point de corolle, parce que leur enveloppe florale est toujours unique. Il est bien vrai que dans un grand nombre des plantes de cette classe, comme le *lis* (fig. 108), les six pièces de l'enveloppe paraissent disposées sur deux rangs, en sorte que trois semblent plus intérieures et trois plus extérieures; quelquefois même celles-ci sont vertes et celles-là colorées, de manière à représenter un calice et une corolle, comme dans l'*éphémère de Virginie* de nos jardins, dans la *sagittaire* de nos marais; mais ce n'est là qu'une apparence : en examinant attentivement les six pièces de l'enveloppe florale, il est facile de se convaincre que, quoique disposées sur deux rangs, elles n'ont cependant qu'un seul point d'origine commun, et se continuent manifestement toutes les six avec la partie la plus extérieure du pédoncule. Elles ne forment donc véritablement qu'un seul et même organe, qui est le calice. Pour éviter toute confusion, nous nommerons *périanthe* (1) l'enveloppe florale, toutes

1) De περὶ, autour, ἄνθος, la fleur.

les fois qu'elle sera simple, en l'appelant *calicinal*, quand ce périanthe sera vert, et *pétaloïdal*, quand il sera coloré.

123. Le calice est toujours regardé comme formé de plusieurs pièces, tantôt sans adhérence, tantôt plus ou moins soudées; ces pièces se nomment *sépales* (1).

Le calice est dit *polysépale* (2) (fig. 98 bis *c*), quand les sépales sont libres dès leur base et dans toute leur étendue, de telle sorte qu'on puisse enlever chacun d'eux sans déchirer les autres; et il est dit *monosépale* (3) (fig. 102 *c*, 103 *c*, 106 *c*, 107 *c*), quand les pièces qui les forment sont soudées entre elles dans une partie ou dans la totalité de leur longueur. Ainsi, le calice du *chou-colza* est polysépale, celui de l'*œillet* monosépale.

124. On distingue trois parties dans le calice monosépale; ces parties sont : le *tube*, le *limbe* et la *gorge*. Le *tube* est la portion inférieure, dont les pièces sont adhérentes et soudées; le *limbe* est la partie supérieure, dont les pièces sont indépendantes et toujours plus ou moins ouvertes; la *gorge* (fig. 106 *g*) est la ligne où le tube finit et où le limbe commence.

Le calice *monosépale* peut être plus ou moins profondément divisé.

S'il ne l'est pas du tout, le calice est nommé *entier*; si les divisions, très-peu profondes, n'atteignent pas le milieu du calice, elles se nomment des *lobes* ou des *dents*. Le calice est alors appelé *bilobé, tridenté, quinquédenté*, selon qu'il a deux, trois ou cinq de ces petites divisions.

Si les divisions atteignent le milieu du calice ou à peu près, elles se nomment des *fissures*. Le calice est appelé *bifide*, quand il en a deux : Ex. : la *verveine; quinquéfide*, lorsqu'il en a cinq, comme dans le *silene conica*, etc.

(1) De *sepio*, j'enveloppe et défends.
(2) De πολὺς, beaucoup.
(3) De μόνος, seul.

Enfin, si les divisions atteignent presque jusqu'au fond du calice, elles portent le nom de *partitions*, et alors le calice est *bipartit*, quand il en a deux : Ex. : les *oro-banches; tripartit*, quand il en a trois, comme dans l'*anona triloba; quadripartit*, quand il en a quatre, comme dans le *veronica officinalis*, etc.

Le calice *monosépale* peut encore être *régulier* ou *irré-gulier*. Il est *régulier*, quand toutes ses divisions sont de même forme et de même grandeur : Ex : l'*œillet*. Il est *irrégulier*, quand les parties correspondantes n'ont ni une même figure, ni une même grandeur égale : Ex. : la *capucine*.

125. Relativement à sa durée, le calice peut être *fu-gace, caduc* ou *persistant*. Il est *fugace*, quand il tombe avant l'épanouissement de la fleur, comme dans les *pa-vots; caduc*, quand il ne tombe qu'avec la corolle, comme dans les *renoncules ; persistant*, lorsqu'il subsiste long-temps encore après la chute des pétales, comme on le voit dans les *primevères*. Quand le calice *persistant* se dessèche sur le fruit, il se nomme *marcescent* (1) : nous en avons un exemple dans le *trèfle*.

Les autres noms donnés au calice seront expliqués dans le vocabulaire.

126. Le calice, avons-nous dit, est l'enveloppe immé-diate et particulière d'une fleur complète; il ne faut donc pas le confondre avec les *écailles*, l'*involucre* et la *spathe*. Les *écailles* (fig. 98 *éé*), ainsi nommées pour leur res-semblance avec les écailles de poisson ou de serpent, sont de petites feuilles appliquées à la base du calice et lui servant de support; on le voit très-bien dans l'*œillet*.

127. L'*involucre* (2) (fig. 97 *b*) est un grand calice qui renferme plusieurs fleurs, comme dans le *chardon*, la

(1) De *marcescens*, se fanant.
(2) D'*involvere*, renfermer.

scabieuse. A la première vue, on est tenté de ne prendre que pour une seule fleur leur nombreux assemblage, d'où résulte les fleurs composées, et alors on est porté à confondre l'involucre et le calice; mais il est facile de se convaincre, par une observation plus attentive, que l'*involucre*, à écailles généralement nombreuses, renferme une grande quantité de fleurs véritables.

128. La *spathe* (1) (fig. 90 *ss*) est une sorte d'involucre ou de calice très-imparfait qui quelquefois accompagne les fleurs dans les monocotylédones. La spathe est ordinairement membraneuse et coriace, comme dans le *narcisse*, l'*iris*. Elle enveloppe, en forme de sac ou de cornet, les fleurs avant leur développement, et s'ouvre ou se brise lorsqu'elles s'épanouissent. La spathe des *arum* est la plus remarquable de toutes; sa couleur est du plus beau blanc dans le *calla Æthiopica*.

B. COROLLE.

129. Le calice n'est qu'un premier rempart, que la grossière enveloppe d'un second vêtement qui fixa d'abord les regards, et d'où peut-être naquit la Botanique. Brillant coloris, parfums suaves, formes variées, beautés de toute espèce, la main du Créateur lui a prodigué tous ses dons. Sa position, sa forme et son éclat, qui en font comme la couronne de la plante, lui ont valu le nom gracieux de *corolle* (2). On nomme *apétales* les fleurs qui, en étant dépourvues, ne sont munies que d'un calice.

130. Quoique son tissu soit mou et délicat, la corolle fait suite au corps ligneux, ou à la partie située entre la moelle et l'écorce dans les plantes annuelles; elle diffère donc essentiellement du calice, qui fait suite à l'écorce.

_____

(1) De σπαθίς, espèce de vêtement.
(2) De *corolla*, petite couronne.

Ses couleurs sont très-variées ; elle est quelquefois verte,
comme on le voit dans la *vigne*, mais elle ne présente jamais la couleur noire pure, ni le mélange du blanc et du
noir. Non-seulement les mêmes fleurs peuvent offrir diverses nuances, mais les plantes de la même espèce
peuvent avoir des fleurs de différentes couleurs, comme
on le voit dans les *violettes*, qui ont souvent des fleurs
blanches. Il arrive même que la teinte des pétales peut
changer aux diverses époques de la vie de la fleur, comme
la *pulmonaire* nous en offre un exemple. On a observé
que les fleurs bleues peuvent passer au rouge et au blanc,
mais que jamais les jaunes ne passent au bleu, ni les
bleues au jaune. Il est à remarquer que la couleur
blanche devient plus commune dans les fleurs à mesure
qu'on avance vers les pôles.

131. On appelle *pétales* les divisions qui composent la
corolle. Si elle est composée de parties entièrement
libres, elle est *polypétale* (fig. 98, 99, 100) ; elle est *monopétale* (fig. de 101 à 107), quand ces pièces sont plus ou
moins soudées ensemble. Ainsi la *rose* est *polypétale*, et la
campanule, *monopétale*. Les pétales sont donc à la corolle
ce que les sépales sont au calice.

132. La partie inférieure et rétrécie du pétale, celle
par laquelle il est attaché, se nomme son *onglet* (fig. 111 *b*) ;
la partie supérieure, élargie, de forme variée, qui surmonte l'*onglet*, forme la *lame* ou le *limbe* (fig. 111 *d a*) ;
sa *gorge* est, comme dans le calice, la ligne où l'onglet
finit et où le tube commence. Dans les corolles monopétales, un tube remplace les onglets.

133. La corolle est aussi tantôt *régulière*, tantôt *irrégulière* : *régulière*, elle se présente en *croix* (fig. 98 bis),
cloche (fig. 101), *entonnoir* (fig. 102), *soucoupe* (fig. 103),
roue, *étoile*, *rosace*, etc. (fig. 104 et 105) ; *irrégulière*, et
alors elle est *labiée* (fig. 106) ; *personée*, c'est-à-dire en
muffle (fig. 107) ; *papilionacée*, c'est-à-dire offrant un peu

l'image d'un papillon avec ses ailes (fig. 99); simplement *irrégulière*, lorsque, sans avoir aucune des formes précédentes, ses parties sont différentes de figure ou inégales en grandeur (fig. 100 et 109). Ce serait nous engager dans un dédale que de les décrire ici; d'ailleurs, elles le seront en leur lieu, parce que c'est en grande partie de la corolle que se tirent les caractères de détermination.

134. Nous dirons seulement que ces formes, aussi variées que leurs nuances, tendent toutes au même but; car la corolle, comme un élégant et léger pavillon, sert de voile à des organes plus importants, et réfléchit sur eux les rayons du soleil. Mais elle n'a qu'une beauté éphémère, est inutile à la nutrition de la plante, et ne répand dans l'air que ses émanations embaumées.

Questionnaire.

De quelles parties se compose une fleur complète? — Qu'est-ce que la fleur incomplète? — Comment se divisent les parties de la fleur à raison de leur importance? — Quels sont les organes protecteurs? — Qu'est-ce que le calice? — A quelle partie du pédoncule correspond-il? — Que faut-il en conclure pour les monocotylédones? — Qu'entend-on par périanthe? — Comment nomme-t-on les divisions du calice? — Quels sont les divers noms qu'on lui donne? — Que sont les écailles, l'involucre, la spathe? — Qu'est-ce que les fleurs apétales? — Que dire de la corolle, de sa différence anatomique avec le calice, de ses diverses couleurs, de ses divisions? — Quelles sont les formes principales des corolles régulières et irrégulières? — Quelle est la destination de la corolle?

---

†† Organes reproducteurs.

Ils forment la partie la plus essentielle de la fleur : ce sont les *étamines* et le *carpelle*.

A. ÉTAMINES.

135. Un troisième cercle, de même nature que les pé-

tales, mais plus central, plus caché et presque inaperçu,
quoique de la plus haute importance, est celui des *étamines* (1) (fig. de 112 à 121).

136. Une étamine complète se compose essentiellement
de deux parties, qui sont le *filet* et l'*anthère*. Le *filet*
(fig. 112 *f*) est la partie inférieure de l'étamine; cette
mince colonne par laquelle elle est attachée tantôt sur la
corolle (fig. 113, 114, 116), tantôt sur le calice (fig. 115,
118), tantôt à la base du point central, nommé *thalamus* (2)
(fig. 120, 121). Le *filet* sert de support à l'*anthère* (3)
(fig. 112 *a*), espèce de petit sac membraneux qui la termine, et dont la cavité intérieure est formée le plus ordinairement de deux loges soudées ensemble. Une étamine qui manque de filet, qui n'a que l'anthère, est
appelée *sessile*. L'*anthère* est remplie d'une petite poussière visqueuse nommée *pollen* (4) (fig. 112 *p*). C'est le
pollen que les abeilles vont butiner dans les fleurs pour
en nourrir leurs larves après l'avoir élaboré dans leur es-
tomac (5); aussi ces larves périssent-elles quand on enlève
le pollen emmagasiné dans les ruches.

137. Le *pollen* est destiné à être transporté sur le carpelle pour le rendre fertile. Cette fonction commence à
l'instant où les loges de l'anthère s'ouvrent pour mettre
le pollen en liberté. Il est des plantes dans lesquelles
l'ouverture des anthères s'opère avant le parfait épanouissement de la fleur; mais, dans le plus grand nombre des
végétaux, ce phénomène n'a lieu qu'après que les enve-

(1) De *stamen*, fil.
(2) De θαλαμος, lit.
(3) D'ἀνθηρὸς, fleuri.
(4) De *pollen*, fleur de farine.
(5) C'est par erreur qu'on croyait autrefois que le pollen servait à faire
la cire. Celle-ci n'est qu'une transformation du miel opérée par les
abeilles ouvrières. Le miel est un principe immédiat, nommé *manne*
dans certains pays. Il est contenu dans toutes les plantes ; les abeilles ne
font que le récolter et le mettre en provision tel qu'elles le trouvent.

loppes florales se sont ouvertes et épanouies. Les pluies qui surviennent au moment où les anthères s'ouvrent empêchent l'action du pollen. On le remarque surtout dans la vigne, et l'on dit alors que la fleur coule.

138. Pour favoriser l'émission du pollen, les étamines d'un grand nombre de plantes exécutent des mouvements très-sensibles. Ainsi, au moment de sa dissémination, les huit ou dix étamines de la rue odorante (*ruta graveo- lens*) se redressent alternativement vers le stigmate, y déposent une partie de leur pollen, et se rejettent ensuite au dehors. Dans plusieurs genres de la famille des *urti- cacées,* dans la *pariétaire,* le *mûrier à papier,* etc., les étamines sont infléchies vers le centre de la fleur et au- dessous du stigmate; à une certaine époque, elles se re- dressent avec élasticité, comme autant de ressorts, et lancent leur pollen sur le carpelle. Dans le genre *kalmia,* les dix étamines sont situées horizontalement au fond de la fleur, en sorte que leurs anthères sont renfermées dans autant de petites fossettes qu'on aperçoit à la base de la corolle. Pour opérer l'émission du pollen, chacune des étamines se courbe légèrement sur elle-même, afin de dégager son anthère de la petite fossette qui la contient. Elle se redresse alors au-dessus du stigmate, et verse sur lui la poussière pollinique renfermée dans son anthère.

Les carpelles de certains végétaux paraissent également doués de mouvements qui dépendent d'une irritabilité plus développée à l'époque de la transmission du pollen.

139. D'après les observations de Lamarck et de Bory Saint-Vincent, il paraît que plusieurs plantes développent, au moment de l'émission du pollen, une chaleur extrê- mement manifeste. Ainsi, dans l'*arum Italicum* et quel- ques autres végétaux de la même famille, le spadice qui supporte les fleurs dégage une assez grande quantité de calorique pour qu'elle soit appréciable à la main qui le touche

140. D'après le point d'insertion des étamines, M. de Candolle a formé trois grandes classes de plantes exogènes. Ce sont : les *corolliflores* (fig. 114), quand les étamines sont portées par la corolle, comme dans la primevère; les *caliciflores* (fig. 115 et 118), lorsqu'elles sont plantées sur le calice, comme dans le poirier; et les *thalamiflores*, quand elles naissent sur le réceptacle, nommé *thalamus* (fig. 121), comme dans les renoncules.

141. Les étamines d'une même fleur sont appelées *définies*, quand on en compte au plus une douzaine; *indéfinies*, quand il y en a un nombre plus grand.

Définies ou *indéfinies*, les étamines sont tantôt *libres* ou *distinctes*, comme dans le lis (fig. 113, 114, 116); tantôt *soudées* ou *connées* (1) (fig. 115, 118, 119). Dans ce dernier cas, elles peuvent encore être *soudées* ou par les anthères, comme dans la famille des *composées* (fig. 119), appelées pour cette raison famille des *synanthérées* (2), ou par les filets, et alors elles peuvent être réunies en un, deux, trois ou plusieurs groupes distincts, dont chacun porte le nom d'*adelphie* (3) : c'est *monadelphie* (fig. 115), quand il n'y en a qu'un, comme dans la mauve; c'est *diadelphie* (fig. 118), quand il y en a deux, comme dans le pois, le haricot, etc. Il y a même des plantes où les étamines sont soudées tout à la fois et par les filets et par les anthères : telles sont les courges; et d'autres où les étamines sont soudées avec le style du carpelle, comme les orchis (fig. 109).

142. Les étamines sont *égales* entre elles, comme on le voit dans les anémones, ou *inégales*, et alors elles suivent quelquefois, dans cette inégalité, une espèce de symétrie. Ainsi, tantôt il y en a quatre, dont deux plus grandes

---

(1) De *cum*, avec, *natus*, né.
(2) De συν, ensemble, ἀνθηραι, anthères.
(3) D'ἀδελφὸς, frère.

(fig. 117) ; c'est ce qu'on nomme la *didynamie* (1) ; tantôt il y en a six, dont quatre plus longues : c'est la *tétrady-namie* (2), comme dans le chou-colza (fig. 98 bis et 121).

143. Les étamines sont dites encore *alternes* ou *oppo-sées*, et cette dénomination peut nous offrir une remarque intéressante : c'est que, dans les trois premiers cercles qui servent au carpelle comme de rempart, les sépales ou segments du calice, les pétales ou segments de la corolle et les étamines sont disposés avec tant de symétrie que l'espace laissé vide par l'entre-deux des parties d'un premier cercle est ordinairement rempli par la partie correspondante du cercle suivant. Les pétales *alternent* ainsi avec les sépales, les étamines avec les pétales, et les étamines d'un second cercle, quand elles sont sur deux rangs, comme dans l'œillet, avec les étamines du cercle précédent. Cette disposition a presque toujours lieu (fig. 113, 116) : les étamines sont alors dites *alternes*, comme dans la bourrache, le bouillon-blanc. Mais elles sont nommées *opposées* (fig. 114), quand il arrive qu'elles correspondent au milieu des lobes de la corolle, comme dans la primevère.

144. La nature du filet des étamines est analogue à celle des pétales; en effet, l'on voit très-souvent ces organes se changer l'un en l'autre. C'est ce qui a lieu dans les fleurs qu'on nomme *doubles ou pleines*. Délices des amateurs, résultat de leurs longues cultures, elles sont pour le botaniste des monstres, dans lesquels les étamines ont été changées en pétales. Une fleur dont toutes les étamines ont été ainsi transformées devient nécessairement stérile.

145. Certaines étamines offrent une particularité remarquable : c'est leur irritabilité. Ainsi, qu'on examine, par un soleil ardent, les fleurs de l'*épine-vinette :* on verra

(1) De δις, deux, et δύναμις, puissance.
(2) De τέτρα, quatre, et δύναμις, puissance.

leurs six étamines étalées contre les pétales; mais si l'on
touche avec la pointe d'une épingle la base de leurs
filets, ils se redresseront vivement contre le style. Le
sparmannia d'Afrique, bel arbrisseau de nos orangeries,
montre, au milieu de ses corolles blanches, des étamines
à anthères irritables, s'éloignant vivement du style quand
on les touche. Les causes de ces phénomènes ne sont pas
entièrement connues, mais la lumière est la condition
indispensable de leur production.

146. Les plantes acotylédones n'offrent pas d'étamines
visibles, telles que nous venons de les décrire. Cependant
l'observation moderne, avec ses instruments puissants, a
découvert dans beaucoup de ces plantes certains organes
qu'on suppose remplir les fonctions d'anthères, et que,
pour cette raison, on a appelés *anthéridies*.

B. CARPELLE.

147. Au centre de la fleur est son dernier organe, son
vrai trésor, l'objet de tant de soins : c'est le *carpelle* (1)
(fig. 122). Il est formé de trois parties : l'*ovaire* (o) en bas,
le *style* (s) au milieu, le *stigmate* (a) au sommet.

148. L'*ovaire* (2) est la partie inférieure et renflée du
carpelle. C'est lui qui contient les *ovules* (3), petites
graines à l'état encore rudimentaire.

L'ovaire est tantôt libre au fond du calice, comme dans
la *tulipe*; tantôt placé sous les autres parties de la fleur
et soudé avec le tube du calice, comme dans le *narcisse*,
la *poire*. Dans le premier cas, l'ovaire est *supère* (4); dans
le deuxième, il est *infère* (5).

(1) De χαρπός, fruit.
(2) D'*ovarium*, nid d'œufs.
(3) D'*ovulum*, petit œuf.
(4) De *super*, dessus.
(5) D'*infra*, dessous.

149. Le *style* (1) est la petite colonne qui surmonte l'ovaire; creux en dedans, il est placé tantôt au sommet de l'ovaire : Ex. : le *lis*, et alors il est *terminal;* tantôt par côté : Ex. : le *daphné*, et alors il est *latéral;* enfin, plus rarement il paraît sortir de la base de l'ovaire, et alors on l'appelle *basilaire*, comme dans l'*alchemilla vulgaris.*

150. Le *stigmate* (2) est la partie dilatée qui surmonte le style; sa surface est en général inégale et plus ou moins visqueuse. C'est lui qui reçoit le pollen des anthères et le transmet par le canal creusé dans le style jusqu'à l'intérieur de l'ovaire, où il va communiquer aux ovules ce don de fécondité et de perpétuité qui jusqu'à la fin des siècles aura son effet, en vertu de la parole divine : « Que tout arbre et toute herbe porte en soi sa semence qui conserve son espèce et qui la perpétue; et il en fut fait ainsi. »

151. De même que nous avons vu, dans les acotylédones, les anthéridies analogues aux anthères, de même on leur trouve des organes paraissant analogues aux carpelles et appelés *sporanges* (3).

††† Organes accessoires.

152. Outre ces quatre organes, il en est d'autres qu'on rencontre dans certaines fleurs, mais qui n'y ont qu'une moindre importance. Les botanistes les comprennent sous le nom commun de *nectaires* (4). Ils désignent ainsi des glandes ou de petits corps particuliers destinés à secréter un liquide qui a la viscosité et le goût du miel.

(1) De στύλος, colonne.
(2) De στίγμα, marque, trou.
(3) De σπορά, graine, αγγειον, vaisseau.
(4) De νέκταρ, nectar, à cause de la liqueur ordinairement mielleuse qu'ils contiennent.

153. Les nectaires ont des formes très-variées : tantôt
ils offrent l'aspect de petites corolles, tantôt ils ressemblent à de minces écailles, à de légers filets, à de courtes
lanières; on en trouve de la sorte dans les *silènes,* le *myo-
sotis,* la *consoude,* le *laurier-rose.* D'autres fois ils imitent
de petits bourrelets, de petites coupes ou même des tubes
qui peuvent envelopper complétement l'ovaire, ainsi qu'on
le voit dans le *pæonia Moutan,* pivoine en arbre, qui étale
avec tant de magnificence, au mois de mai, ses superbes
fleurs roses.

Questionnaire.

*Quels sont les organes reproducteurs ? — De quoi se compose une étamine
complète ? — Qu'est-ce que le pollen ? — Le point d'insertion des étamines offre-t-il un caractère important ? — Qu'entend-on par étamines
définies, indéfinies, connées, synanthérées, monadelphes, diadelphes,
didynames, tétradynames, alternes et opposées ? — Existe-t-il quelques
rapports entre le filet des étamines et les pétales ? — Qu'entend-on par
anthéridies ? — Qu'est-ce que le carpelle ? — De quelles parties est-il
composé ? — Qu'entend-on par sporanges ? — Quels sont les organes
compris sous le nom de nectaires? — Sous quelles formes se présentent-
ils le plus souvent? — Quels sont les phénomènes qui accompagnent
la transmission du pollen sur les carpelles ?*

---

§ 5. — *Anomalies des fleurs.*

154. Le plus souvent chaque fleur contient réunis ensemble les *étamines* et les *carpelles;* mais il arrive aussi que ces
organes sont enfermés dans des fleurs différentes. Dans ce
dernier cas, trois combinaisons peuvent se présenter :

1° Les fleurs staminifères et les fleurs carpellées
peuvent se trouver réunies sur la même plante : c'est ce
qui constitue les végétaux *monoïques* (1) : le melon, le
châtaignier, le noisetier, sont de ce nombre.

(1) De μόνος, seul, οἶκος, maison.

2° Les fleurs staminifères et les fleurs carpellées peuvent se trouver séparées sur des pieds différents; ce sont
alors des plantes *dioïques* (1) : le chanvre, la mercuriale
qui infeste nos champs, le mûrier à papier de nos bois
anglais, présentent une semblable disposition.

3° Enfin, d'autres fois, sur la même plante, il y a tout
à la fois des fleurs staminifères, des fleurs carpellées et
des fleurs munies en même temps d'étamines et de carpelles : telles sont la pariétaire qui tapisse nos vieux murs,
et la croisette qui, au printemps, montre dans nos haies
ses verticilles de petites fleurs jaunes.

155. Le plus souvent, dans les plantes *monoïques*, les
fleurs staminifères sont situées vers la partie supérieure
du végétal, en sorte que le pollen, en s'échappant des
loges de l'anthère, tombe naturellement et par son propre
poids sur les fleurs carpellés placées au-dessous. Dans les
végétaux *dioïques*, les pieds à étamines sont souvent sé-
parés par de grandes distances des pieds à carpelles.
Comment donc le pollen de celles-là pourra-t-il être
transporté sur ceux-ci? Qu'on se rassure : la Providence,
en voulant la fin, a su multiplier les moyens. Dans les
fleurs à étamines, celles-ci seront très-nombreuses et
n'auront ni calice ni corolle qui puisse gêner l'action des
vents sur le pollen. Dans les plantes à fleurs carpellées,
même rapport : calice et corolle presque nuls, et seulement quelques écailles propres à retenir la poussière pollinique sur les nombreux stigmates. Le temps de leur
épanouissement mutuel sera combiné. Fussent-elles au
fond des eaux, comme le *vallisneria*, leurs pédoncules dé-
rouleront leurs longues spirales pour porter leurs fleurs à
la surface; et quand, de part et d'autre, tout sera disposé,
l'anthère, s'ouvrant avec élasticité, chassera bien loin son
pollen, comme une légère poussière que dissémineront

(1) De δις, deux, et οἶκος, maison.

les vents; ou bien de faibles insectes, se roulant dans le fond des fleurs, se chargeront de porter sur leurs ailes la poussière germinatrice aux carpelles qui, sans elle, demeureraient stériles. (*V. D.*, article *Figuier.*)

156. Certaines plantes fleurissent et fructifient sous l'eau. L'observation a démontré que leur corolle est alors remplie d'une bulle d'air qui forme autour d'elle une petite voûte sous laquelle l'émission du pollen peut s'opérer sans obstacle. S'il est d'autres plantes aquatiques chez lesquelles cette bulle d'air n'a pas été constatée, on peut penser que le pollen de leurs étamines est d'une nature particulière et peut facilement être porté par les eaux sur les carpelles.

§ 6. — *Epoque et durée des fleurs.*

157. Dans toutes les fleurs, le pollen a besoin de l'air pour s'imprégner sur le stigmate, et voilà pourquoi la plupart des plantes aquatiques viennent fleurir hors de l'eau. Il faut aussi à toutes les plantes un degré de chaleur qui leur est propre. Il en résulte pour chaque contrée des fleurs qui ne s'épanouissent qu'à des époques et même à des heures déterminées. De là l'ingénieuse idée du calendrier et de l'horloge de Flore, où les fleurs viennent tour à tour annoncer la succession des mois et les différentes heures du jour et de la nuit. (*V. D.*)

158. Faites pour charmer nos yeux, le plus grand nombre des fleurs s'étalent à la lumière : ce sont les fleurs *diurnes* (1). Les fleurs *nocturnes* (2), moins éclatantes et peu nombreuses, ne se décèlent que par leur parfum : telle est la *belle-de-nuit.* Celles qui s'ouvrent et se ferment tous les jours à une heure fixe et déterminée, de manière

(1) De *diurnus*, au jour.
(2) De *nocturnus*, de la nuit.

à ce que le temps de leur sommeil soit à peu près égal à celui de leur épanouissement, se nomment *équinoxiales*, comme les *épervières*, la *dent-de-lion*. D'autres annoncent si bien les variations de l'atmosphère, qu'on entrevoit la menace d'un orage dans le sein d'une fleur qui timidement se referme à son approche : tel est le *souci pluvial;* on les nomme *météoriques* (1). Enfin, les fleurs *éphémères* sont celles qui le même jour ou la même nuit voit naître et mourir : c'est le sort de la belle *tigridie* de nos jardins.

159. Quoi qu'il en soit, la durée des fleurs *simples* est réglée par l'épanouissement de l'anthère et l'émission du pollen. Aussi le fleuriste, qui ne cherche qu'à jouir longtemps du brillant coloris et du parfum de la corolle, prolonge-t-il sa durée en la rendant *double* ou *pleine*. Alors les étamines, souvent même les carpelles, convertis en pétales, ne remplissent plus leur fonction; et, pendant que la foule s'extasie devant la rose aux cent feuilles, l'œillet plein et l'orgueilleux dahlia aux mille pétales, le botaniste ne voit en eux que des *monstres* qui, dans leur pompeuse nullité, trompent le vœu de la nature, en devenant incapables de se reproduire.

Questionnaire.

Quelles sont les principales anomalies dans les fleurs? — Que sont les plantes monoïques, dioïques? — Comment s'opère dans elles le phénomène de la reproduction? — Qu'indiquent le calendrier et l'horloge de Flore? — Qu'entend-on par fleurs diurnes, nocturnes, équinoxiales, météoriques, éphémères, simples, doubles?

ARTICLE V.

CINQUIÈME AGE DE LA PLANTE. — FRUCTIFICATION.

160. La plante touche à son automne; à l'agréable va

(1) De μετέωρος, phénomène céleste

succéder l'utile; les fruits viennent remplacer les fleurs.
Dès que les carpelles ont reçu l'action de la poussière sé-
minale, tous les soins de la nature se concentrent sur
l'ovaire, qui, dès lors, porte le nom de *fruit*. Les étamines et la corolle, devenus inutiles, tombent ou se flétrissent. Le calice tombe aussi quand il est polysépale;
mais s'il est monosépale, il persiste presque toujours.
Très-souvent il accompagne le fruit jusqu'à ce qu'il soit
mûr, comme dans la fraise. Quelquefois même il se développe et prend un accroissement considérable à l'époque
où le fruit approche de sa maturité, comme on le voit
dans le coqueret (*physalis alkekengi*).

161. Tous les fruits, quelle que soit leur espèce, offrent
toujours deux parties : la *graine* proprement dite, dont
on a vu l'anatomie et la destination, et son enveloppe,
nommée *péricarpe*. Cette dernière partie est d'autant plus
digne d'être étudiée, que de ses modifications dépendent
celles des fruits, et que les botanistes modernes y ont
puisé des caractères plus précieux que les autres, parce
qu'ils sont plus constants.

Nous parlerons donc d'abord du *péricarpe*, et ensuite
nous donnerons la classification des différentes espèces de
fruits.

§ 1. — *Du péricarpe.*

162. Comme nous venons de l'indiquer, le *péricarpe* (1)
(fig. 144, 146) est cette partie du fruit qui est formée par
les parois de l'ovaire développé, et qui contient une ou
plusieurs graines. Prenons pour exemple une de ces
pêches dont le noyau s'ouvre souvent; nous trouverons
une amande au milieu : cette amande, c'est la *graine;* le
noyau et tout le reste du fruit sont le *péricarpe.*

_____

(1) De περί, autour, καρπὸς, fruit.

163. On distingue trois parties dans le *péricarpe* : 1° sa
base ; 2° son *sommet* ; 3° son *axe*. La *base* est le point par
lequel il est fixé au pédoncule; le *sommet* est le point
occupé par le style ou le stigmate; l'*axe* est la ligne
vraie ou imaginaire qui réunit la base au sommet. Quand
l'*axe* est vrai, comme dans les *ombellifères*, il porte le
nom de *columelle* (1).

164. On distingue encore trois autres parties dans le
péricarpe; ce sont : 1° l'*épicarpe* (2), sorte de membrane
ou d'épiderme qui le recouvre extérieurement : dans la
pêche, c'est ce qu'on nomme *la peau;* 2° l'*endocarpe* (3),
autre enveloppe qui tapisse la cavité intérieure en contact immédiat avec la graine : dans la pêche, c'est le
noyau; dans la pomme, c'est l'étoilé qui loge les pépins;
et 3° entre ces deux membranes, une partie plus ou
moins développée, nommée en général *mésocarpe* (4), et
spécialement *sarcocarpe* (5), quand elle est épaisse et
charnue, comme dans la pêche, la pomme. Quelquefois
le péricarpe tout entier est si mince et tellement uni avec
la graine, qu'on l'en distingue à peine dans le fruit mûr.
Certains auteurs, pensant alors qu'il n'existe pas, ont dit
que la graine est nue, comme dans la famille des *labiacées,*
des *composées,* etc.; mais c'est par erreur, car il est prouvé
aujourd'hui qu'il n'y a point de graine absolument sans
péricarpe.

165. Quand l'ovaire est *infère* (n° 148), l'épicarpe
se confond avec le tube du calice, comme dans la rose.
Celui-ci pouvant continuer à se développer et devenir
même charnu quand le fruit est mûr, il est alors souvent difficile de distinguer le point où finit le calice et

(1) De *columella*, petite colonne.
(2) D'ἐπὶ, sur, καρπὸς, fruit.
(3) D'ἔνδον, dedans, καρπὸς.
(4) De μέσος, milieu, καρπὸς.
(5) De σάρξ, chair, καρπὸς.

où commence le péricarpe. On connaît cependant toujours l'origine de l'épicarpe, en ce que, plus ou moins
près de l'insertion du style ou du stigmate, il offre un
rebord plus ou moins saillant qui est le limbe du calice.

166. Le point de la graine par lequel elle communique au péricarpe duquel elle reçoit sa nourriture, se
nomme le *hile ;* il forme la limite précise entre le péricarpe et la graine.

167. Le point intérieur du péricarpe, sur lequel la
graine est attachée, s'appelle *trophosperme* (1) ou *placenta* (2). Quand le *trophosperme* offre des prolongements
déliés, à l'extrémité de chacun desquels est attachée une
graine, il prend le nom de *podosperme* (3) ou *funicule* (4).
On le voit très-bien dans le haricot. Le trophosperme
s'arrête ordinairement au contour du hile ; s'il se développe davantage, de manière à recouvrir la graine dans
une étendue plus ou moins considérable, ce prolongement prend le nom d'*arille*. Il y en a un exemple très-
frappant dans le fusain de nos haies (*evonymus Euro-
pæus*), dont l'arille, de couleur orangée à la maturité, est
tellement développée, qu'elle entoure la graine de toutes
parts. On ne remarque jamais d'arille dans les fruits des
plantes à corolle monopétale.

168. La cavité intérieure du péricarpe peut être simple,
comme dans la pêche, ou partagée en plusieurs cavités
partielles par des lames verticales, comme dans le chou,
le pavot : les cavités partielles se nomment *loges ;* les
lames verticales, *cloisons*. Un péricarpe est *uni, bi, tri,
multiloculaire* (5), selon qu'il a une, deux, trois ou plusieurs loges distinctes.

(1) De τρέφω, nourrir, σπέρμα, graine.
(2) De *placenta*, gâteau.
(3) De πούς, pied, σπέρμα.
(4) De *funiculus*, petite corde.
(5) De *multum*, beaucoup, *loculus*, petit logement.

Questionnaire

Qu'est-ce que le fruit ? — Combien distingue-t-on de parties dans un fruit quelconque ? — Qu'est-ce que le péricarpe ? — Quelle est sa base, son axe et son sommet ? — Qu'entend-on par épicarpe, endocarpe, mésocarpe et sarcocarpe ? — Quelle est la différence entre le hile et le trophosperme ou placenta ? — Qu'entend-on par podosperme ou funicule, par arille, par loges et cloisons du péricarpe ?

---

§ 2. — *Des différentes espèces de fruits.*

169. Les fruits peuvent être considérés sous quatre rapports différents : 1° leur composition ; 2° la nature de leur péricarpe ; 3° la manière dont il s'ouvre ; 4° leurs graines.

1° *Sous le rapport de leur composition*, les fruits se divisent en *simples*, *multiples* et *composés*. Les fruits *simples* sont ceux qui résultent d'un seul carpelle dans une seule fleur : Ex. : la cerise. Les fruits *multiples* sont ceux qui proviennent de plusieurs carpelles renfermés dans une même fleur : Ex. : la fraise, la framboise. Les fruits *composés*, nommés encore *agrégés* (1), résultent aussi de plusieurs carpelles, d'abord distincts et ensuite plus ou moins soudés, mais provenant de fleurs différentes, quoique très-rapprochées : Ex. : le fruit du mûrier, la pomme du pin.

170. 2° *Sous le rapport de la nature de leur péricarpe*, les fruits se divisent en *secs* et *charnus*. Les fruits *secs* ont un péricarpe mince, sec et membraneux : Ex. : le haricot. Les fruits *charnus* ont au contraire un péricarpe épais et succulent : Ex. : le melon, la poire, etc.

(2) D'*aggregatus*, réuni.

171. 3° *Sous le rapport de leur ouverture*, on divise les fruits en *déhiscents* et en *indéhiscents*. Les *déhiscents* (1) s'ouvrent par un nombre plus ou moins grand de pièces nommées *valves* (2) : il y en a deux dans le haricot; les fruits *indéhiscents* (3), au contraire, restent constamment fermés de toutes parts : Ex. : la pomme, le blé, etc.

172. 4° *Sous le rapport de leurs graines*, les fruits sont *monospermes* (4), quand ils ne renferment qu'une graine, comme l'abricot; *oligospermes* (5), quand ils en renferment un nombre peu considérable et défini : alors le fruit est *bi, tri, tétra, pentasperme*, etc., selon qu'il contient deux, trois, quatre ou cinq graines; *polyspermes* (6), quand ils en ont un nombre considérable et indéfini, comme le pavot; et enfin *pseudospermes* (7), quand le péricarpe est tellement adhérent à la graine qu'il se confond entièrement avec elle, comme le blé.

Pour mieux étudier les différentes espèces de fruits, nous les partagerons en trois grandes sections, qui seront celles des fruits *simples*, des fruits *multiples* et des fruits *composés*, et nous subdiviserons la première section en deux groupes, celui des fruits *secs* et celui des fruits *charnus*.

(1) De *dehiscens*, s'ouvrant.
(2) De *valva*, battant de porte.
(3) D'*indehiscens*, ne s'ouvrant pas.
(4) De μόνος, seul, σπέρμα, graine,
(5) D'ολιγος, peu nombreux.
(6) De πολὺ, beaucoup.
(7) De ψευδος, faux.

PREMIÈRE SECTION.

Fruits simples.

1er GROUPE. — FRUITS SECS.

1re TRIBU. — *Fruits secs et indéhiscents.*

173. Ce sont les véritables *pseudospermes*. On y distingue les formes suivantes :

1° Le *cariopse* (1) (froment) : péricarpe très-mince, se confondant avec la graine unique, et protégé en mûrissant par un calice libre (fig. 123).

2° L'*akène* (2) (dent-de-lion) : péricarpe formé par le durcissement du calice adhérent à la graine (fig. 137 à 140).

3° Le *polakène* (cerfeuil) : péricarpe paraissant unique, quoique formé par la réunion de plusieurs akènes se séparant à la maturité.

4° La *samare* (érable, orne) : péricarpe fibreux, aplati, couronné d'une aile membraneuse (fig. 141 à 143).

5° Le *gland* (noisette) : péricarpe fibreux, coriace ou ligneux, adhérent dans le principe à la graine, et renfermé en partie, rarement en totalité, dans une sorte d'involucre écailleux ou foliacé, nommé *cupule* (3).

5° Le *gynobase* (thym), fruit dont les loges sont tellement séparées les unes des autres, qu'elles semblent constituer autant de fruits distincts.

---

(1) De χαρῆ, tête, οψις, aspect.
(2) D'αχαίνων, ne s'ouvrant pas.
(3) De *cupula*, petite coupe.

2e TRIBU. — *Fruits secs et déhiscents.*

174. Ils se nomment aussi *fruits capsulaires* (1). Ce sont :

1° Le *follicule* (2) (laurier-rose, pied-d'allouette) : péricarpe libre, à une loge, à une valve, s'ouvrant par une suture (3) longitudinale à laquelle sont attachées les graines (fig. 132).

2° La *silique* (4) (chou-colza) : péricarpe trois ou quatre fois au moins plus long que large, à deux loges et deux valves séparées par une cloison, portant sur ses deux faces les graines qui partent de ses deux bords (fig. 130).

3° La *silicule* (5) (thlaspi) : péricarpe à peu près aussi long que large, du reste semblable à la silique (fig. 129).

4° La *gousse* ou *légume* (pois, haricot) : péricarpe à une loge continue ou articulée, à deux valves et deux sutures, à l'une desquelles adhèrent les graines placées alternativement au bord de chaque valve (fig. 127). Quelquefois la gousse paraît partagée en deux ou plusieurs *fausses cloisons* (fig. 135). On appelle ainsi des apparences de cloisons formées tantôt par les bords rentrants des valves du péricarpe, comme dans les astragales, tantôt par une saillie plus ou moins considérable du trophosperme, comme dans le pavot, tantôt autrement, mais jamais par le prolongement intérieur de deux lamelles venant de l'endocarpe, comme dans les vraies cloisons.

5° La *pyxide* (6) (pourpier) : péricarpe uniloculaire, à deux valves superposées et s'ouvrant horizontalement (fig. 134).

(1) De *capsula*, petite boîte.
(2) De *follicula*, petite feuille.
(3) De *sutura*, couture.
(4) De *siliqua*, gousse.
(5) De *silicula*, petite gousse.
(6) De πυξίδιον, petite boîte.

6° L'*élatérie* (1) (euphorbes) : péricarpe souvent marqué de côtes, se partageant, quand il est mûr, en autant de coques distinctes s'ouvrant longitudinalement qu'il y a de valves. Ordinairement ces coques sont réunies par une *columelle* (n° 158) centrale qui persiste après leur chute.

7° La *capsule* (pavot). On appelle ainsi tous les fruits secs et déhiscents qui ne se rapportent à aucune des formes précédentes (fig. 126 et 133).

II° GROUPE. — FRUITS CHARNUS.

175. Ils sont toujours indéhiscents. Ce sont :

1° La *drupe* (2) (abricot) : péricarpe charnu et pulpeux, renfermant un noyau unique formé par l'endocarpe ligneux adhérant au sarcocarpe (fig. 144 et 145).

2° La *noix* (amande, noix) : péricarpe charnu, mais fibreux et coriace, nommé *brou;* endocarpe ligneux se détachant du mésocarpe et tombant avec la graine.

3° La *nuculaine* (3) (sureau) : péricarpe charnu provenant d'un ovaire libre, à deux ou trois petits noyaux groupés au centre.

4° L'*hespéridie* (4) (orange) : péricarpe libre, charnu, à peau plus ou moins épaisse, à endocarpe membraneux entourant des loges remplies de vésicules succulentes.

5° La *péponide* (5) (melon, courge, etc.) : péricarpe adhérent, gros et charnu, laissant dans son centre une cavité formée de plusieurs loges accolées, pleines d'un mésocarpe pulpeux, et portant les graines à leur angle intérieur.

6° La *balauste* (6) (grenade), fruit multiloculaire, po-

(1) De ελατήρ, long grain.
(2) De *drupa*, olive.
(3) De *nucula*, petite noix.
(4) Fruit du jardin fabuleux des Hespérides.
(5) De *pepo*, potiron.
(6) De βαλαύστιον, fleur du grenadier.

lysperme, infère, et couronné par les dents du calice persistant.

7° La *baie* (1) (pomme de terre), tout fruit charnu, simple, qui diffère des précédents.

DEUXIÈME SECTION,

Fruits multiples.

176. On distingue :

1° La *mélonide* (2), fruit charnu, simple en apparence, mais provenant réellement de plusieurs ovaires réunis et soudés avec le tube du calice, qui, souvent très-épais et charnu, se confond avec eux, comme dans la pomme, le rosier. La partie charnue ne provient donc pas du péricarpe, mais en réalité d'un épaisissement considérable du calice. On distingue deux espèces de *mélonides :* la *mélonide à nucules*, et la *mélonide à pépins* (fig. 146). Dans la première, l'endocarpe est osseux ; dans la deuxième, il est simplement cartilagineux. La nèfle est une mélonide à nucules ; la pomme, la poire, sont des mélonides à pépins.

2° La *syncarpe* (3) (fraise), fruit multiple résultant de plusieurs ovaires réunis dès leur premier développement (fig. 148). Le fruit multiple de la ronce n'est qu'une réunion de petites drupes ; celui du bouton-d'or, de petites akènes ; celui de l'hellébore, de follicules, etc.

TROISIÈME SECTION.

Fruits composés ou agrégés.

177. Ce sont :

1° Le *cône* ou *strobile* (4) (pin) (fig. 149), fruit composé

(1) De *bacca*, fruit de la vigne.
(2) De μῆλον, pomme, et εἶδος, ressemblance.
(3) De συν, ensemble, et χαρπὸς, fruit.
(4) De στρόϐιλος, pomme de pin.

d'un grand nombre d'utricules membraneuses logées dans l'aisselle des bractées, qui sont tantôt ligneuses et soudées, comme dans le cyprès, tantôt soudées, charnues et figurant une baie, comme dans le genévrier.

2° Le *sycône* (1) (figue) (fig. 147), fruit charnu, formé par un involucre d'une seule pièce, fermé, et contenant un grand nombre de petites drupes, provenant d'autant de fleurs à carpelles.

3° La *sorose* (2) (ananas), fruit charnu, composé de plusieurs autres soudés ensemble par le moyen de leurs enveloppes florales, gonflées de sucs et s'entregreffant.

178. Telles sont les vingt-cinq principales espèces de fruits, formant comme des types principaux auxquels on peut rapporter à peu près tous les autres. La science intéressante nommée *carpologie* (3), qui traite de cette partie de la Botanique, est loin d'être complète et exige encore de longs travaux, de patientes analyses, avant d'arriver à un état satisfaisant. Ce que nous en avons dit suffit pour un ouvrage élémentaire. Pour le résumer, nous allons en donner une analyse dans le tableau synoptique suivant :

(1) De σῦκον, figue.
(2) De σωρὸς, amas.
(3) De καρπός, fruit, λόγος, traité

TABLEAU SYNOPTIQUE DE LA CLASSIFICATION DES FRUITS.

				EXEMPLES.
		Indéhiscents.	Cariopse...	Blé noir.
			Akène	Laitue.
			Polakène...	Persil.
			Samare....	Sycomore.
			Gland	Chêne.
	Secs.		Gynobase. .	Bourrache.
1° Fruits simples.		Déhiscents.	Follicule...	Pervenche.
			Silique.....	Giroflée.
			Silicule....	Linaire.
			Gousse.....	Pois.
			Pyxide.....	Mouron rouge.
			Elatérie....	Buis.
			Capsule ...	Muflier.
	Charnus........		Drupe....	Cerisier.
			Noix......	Amandier.
			Nuculaine..	Lierre.
			Balauste....	Grenadier.
			Péponide...	Courge.
			Hespéridie..	Citronnier.
			Baie......	Douce-amère.
2° Fruits multiples.	Mélonide...	à noyaux...	Aubépine.
		à pépins...	Pommier.
	Syncarpe............		Tulipier.
			Fraisier.
3° Fruits composés ou agrégés.	Cône ou strobile..........		Sapin.
	Sorose................		Mûrier.
	Sycone................		Figuier.

179. Dans cette diversité de fruits, non moins grande
que celle des feuilles et des fleurs, il est impossible de ne
pas reconnaître la libéralité d'une Providence aussi attentive à nos besoins et à notre plaisir qu'à l'embellisse-
ment et à la conservation de ses œuvres. Mais cette
bonté paternelle nous semble encore plus marquée dans
les fruits, dont les uns nous fournissent la nourriture la
plus substantielle, les autres les rafraîchissements les plus
doux. Tout nous invite à les cueillir : leur forme, leur
couleur, leur odeur appétissante, leur parfum délicieux,
tout, jusqu'à la branche qui se courbe sous leur poids
pour venir les déposer dans nos mains.

180. Mais comment se fait-il que tant de fruits si différents de nature, de vertus, de goûts, de couleurs,
soient, ainsi que les fleurs, les feuilles, la tige et la racine, des productions de la même sève; qu'ils mûrissent
et se colorent si diversement sous les mêmes influences
solaires? C'est là un phénomène que les savants ne peuvent encore nous expliquer; c'est là un de ces nombreux
mystères dont la nature nous enveloppe de toutes parts,
comme pour nous faire croire avec moins de peine aux
mystères bien plus sublimes qu'une religion révélée pro-
pose à notre foi

Questionnaire.

*Qu'est-ce que la carpologie? — Qu'entend-on par fruits simples, mul-
tiples et composés; par fruits secs et charnus, déhiscents et indéhiscents, monospermes, oligospermes, polyspermes, pseudospermes? —
Qu'entend-on par cariopse, akène, polakène, samare, gland, gynobase,
par follicule, silique, silicule, gousse, pyxide, élatérie, capsule; par
drupe, noix, nuculaine, hespéridie, péponide, balauste, baie; par
mélonide et syncarpe; par cône, sycone et sorose? — Que faut-il le
plus admirer dans les fruits?*

ARTICLE VI.

SIXIÈME AGE DE LA PLANTE. — FIN DE LA VÉGÉTATION.

181. La maturité du fruit amène en général la dernière période de la vie ou de la végétation apparente
des plantes; car elles ont, comme tous les êtres organisés, un terme où elles doivent finir, ou du moins sus-
pendre leurs fonctions. Toutes n'ont pas la même durée.
C'est sous ce rapport qu'elles se divisent en *annuelles,
bisannuelles, vivaces, arbustes, arbrisseaux* et *arbres.*

182. Les plantes *annuelles*, telles que le *chanvre*, le *pois-*

fleur, l'*œillet d'Inde*, naissent, fleurissent et meurent dans l'espace d'une année.

Les plantes *bisannuelles*, comme la *rave*, la *carotte*, le *violier*, mettent une année à grandir, puis fleurissent et meurent l'année suivante.

183. Celles qui vivent plus longtemps forment un groupe beaucoup plus nombreux. Les unes sont dites *vivaces;* ce sont celles dont la racine vit indéfiniment, mais dont la tige, de consistance herbacée, c'est-à-dire molle et tendre, se flétrit en automne et gèle en hiver : telles sont : la *luzerne*, l'*oseille*, etc. Les autres prennent le nom d'*arbustes* ou de *sous-arbrisseaux;* ce sont les plantes dont la racine ne persiste pas seulement, mais dont la tige, de constance ligneuse, supporte l'hiver, bien que l'extrémité des rameaux périsse par le froid : telles sont la *pervenche*, la *douce-amère*. Enfin, dans les *arbrisseaux* et les *arbres*, non-seulement la tige, mais encore les rameaux supportent l'hiver. On donne spécialement le nom d'*arbrisseaux* à ceux dont les branches, privées de tronc se ramifient dès la base, comme la *ronce*, le *groseillier*, le *framboisier*, et l'on réserve celui d'*arbres* aux végétaux dont la tige est un véritable tronc, comme le *poirier*, le *chêne*, le *sapin*.

184. Tant que les fruits attirent les sucs, la sève s'y porte et circule encore dans le végétal; mais lorsqu'ils touchent à leur maturité, son mouvement se ralentit. Peu à peu les vaisseaux s'oblitèrent; bientôt les feuilles cessent de respirer. L'oxygène qu'elles ne peuvent plus rendre à l'atmosphère s'empare de leur tissu, et remplace le vert de leur surface par des teintes de jaune et de rouge, qui, moins riantes, sont cependant agréables encore « comme le soir d'un beau jour. » Le pétiole desséché n'est plus mobile, et sa faible articulation ne pouvant plus résister au souffle des vents d'automne, la feuille tombe emportée sur leurs ailes. La tige *herbacée* subsiste

encore, mais les premiers froids la feront bientôt mourir.
Il n'est plus que quelques *arbres verts* qui semblent ne
survivre au deuil de la nature que pour laisser aux yeux
un point qui les repose; mais ils sont sans végétation
sensible et sans mouvement de sève apparent. Tout paraît mort. Où donc se cache la vie?

185. Ne craignons rien! La plante, avant de mourir ou
de cesser de végéter, a laissé dans ses fruits une famille
nombreuse, qui transmettra d'âge en âge son nom, ses
qualités et toutes les perfections de son espèce. La vie est
dans la graine, et pour se développer, elle n'a plus qu'à
toucher la terre.

186. Tantôt la capsule élastique, s'entr'ouvrant brusquement, la lancera loin d'elle, ou, s'inclinant sur son
pédoncule, épanchera son trésor au pied de sa tige flé-
trie; tantôt les graines aux légères aigrettes ou aux ailes
membraneuses, enlevées en foule par les vents, iront porter ailleurs leurs nombreuses colonies; tandis que les
fruits charnus, obéissant aux lois de la pesanteur, tombent enveloppés de la pulpe qui doit fertiliser leur terre
nourricière. La pluie, les ruisseaux, les quadrupèdes, les
oiseaux, et surtout l'homme, ce grand ouvrier de la nature, tout sert à leur *dissémination*. En vain tremblerions-
nous sur leur frêle existence : quels que soient leur fai-
blesse, les ennemis qui les menacent et les mille dangers
qui assiégent leur berceau, il en sera sauvé. Leur nombre
prodigieux, leur ténuité, la facilité de leur germination,
assure leur existence, et, par-dessus tout, l'action de la
Providence, qui ne permettra pas que ce qu'elle a jugé
bon périsse.

187. Les plantes ne se reproduisent pas seulement par
leurs graines; leurs stolons qui rampent et s'enracinent
sur la terre, les tiges souterraines, les bulbes et les tubercules sont autant de moyens multipliés dont la Providence se sert pour propager les espèces. Le tissu des

plantes renferme même dans toutes ses parties des germes cachés, des embryons latents, qui, lorsque ce tissu est placé dans des circonstances favorables, se développent au dehors en racines ou en bourgeons, selon la nature du milieu environnant. C'est ainsi qu'en plaçant sur une terre friable et maintenue un peu humide les feuilles charnues de certaines plantes (par exemple, des *begonia*), en faisant une faible incision sur les principales nervures, qu'on recouvre ensuite d'un peu de terre de bruyère, on fait sortir de ces feuilles des individus semblables à ceux qui les ont portées.

188. Entre ces moyens naturels de reproduction des plantes, l'homme, instruit par l'observation, en a trouvé plusieurs artificiels, plus prompts et non moins sûrs. Ces moyens sont la *greffe*, la *bouture* et la *marcotte*. (Voyez au Dictionnaire chacun de ces mots.)

189. Cependant la vie de la plante, pas plus que celle des animaux, pas plus que celle de l'homme, n'est à l'abri des dangers et des accidents. Son existence plus ou moins précieuse, a ses ennemis, ses luttes, ses catastrophes. Son histoire donc ne serait pas complète, si nous ne parlions des maladies qui peuvent venir attaquer, altérer, abréger ou détruire sa vie. C'est ce que nous allons faire dans le chapitre suivant.

Questionnaire.

Quand arrive la dernière période de la vie des plantes? — Quels phénomènes offre-t-elle? — Qu'entend-on par plantes annuelles, bisannuelles et vivaces; par arbustes, arbrisseaux et arbres? — Qu'entend-on par dissémination? — Quels en sont les principaux modes et les résultats? — Quels sont les autres moyens de reproduction des végétaux?

CHAPITRE II.

PATHOLOGIE VÉGÉTALE.

190. La *Pathologie* (1) *végétale* est cette partie de la *Botanique organique* qui traite des altérations ou maladies des plantes.

Nous examinerons rapidement les causes de ces maladies, leurs différentes espèces, ainsi que les manières de les prévenir et de les guérir.

191. Pour qu'une plante vive en bonne santé, il faut deux choses : premièrement, qu'elle soit dans des *milieux* convenables; secondement, qu'elle ait des organes sains et libres pour s'approprier ce qui, dans ces milieux, doit servir à sa nourriture et à sa vie. Toutes les causes des maladies des plantes peuvent donc se rapporter à deux classes principales : celles qui vicient les milieux dans lesquels elles vivent, et celles qui attaquent leurs organes ou les empêchent d'agir.

ARTICLE PREMIER.

VICIATION DES MILIEUX.

192. On entend par *milieux* les espaces de natures très-différentes dans lesquels vivent les plantes. Ces milieux sont au nombre de trois; ce sont : 1° *l'air atmosphérique*, dont nous avons vu plus haut la composition et le rôle dans le phénomène de la végétation : l'air atmosphérique est traversé par le *calorique*, la *lumière* et l'*électricité*, qui coopèrent activement à la vie des plantes; 2° le *milieux aqueux*, c'est-à-dire l'eau à l'état liquide ou à

---

(1) De παθὸς, souffrance, λόγος, étude.

celui de vapeur ; 3° le *milieu terrestre*, c'est-à-dire la terre dans laquelle les plantes sont fixées par leurs racines. Voyons comment ces différents milieux peuvent être viciés de manière à rendre les plantes malades.

§ 1er. — *Air atmosphérique, lumière, chaleur.*

193. Nous avons vu que, pour végéter, les plantes prennent à l'air son acide carbonique, dont elles s'assimilent le carbone, et le remplacent par l'oxygène, qui est impropre à leur vie. Les animaux, de leur côté, retiennent l'oxygène de l'air, et laissent échapper son azote, qui seul ne peut entretenir ni leur vie ni celle des végétaux. Il suit de là que des plantes fermées ensemble dans une serre, dans une orangerie, ne tarderaient pas à tomber malades, et finiraient par périr, si on n'avait pas soin de renouveler l'air de temps en temps, en ouvrant les portes et les fenêtres. Autrement, l'air respiré trop longtemps par ces plantes, ne contiendrait plus l'acide carbonique auquel elles doivent emprunter le carbone qui leur est nécessaire ; elles étoufferaient véritablement, comme étoufferaient des personnes qui, placées dans un appartement hermétiquement fermé, auraient fini par en absorber tout l'oxygène.

194. La *lumière* est également nécessaire à la végétation de la plante, puisque c'est elle qui favorise la décomposition de l'acide carbonique et la fixation de son carbone. La lumière active d'une manière si frappante la vie des végétaux, que les plantes alpines, éclairées beaucoup plus et plus longtemps que celles de la plaine, opèrent promptement leur floraison et leur fructification, malgré la fraîcheur de ces hautes régions. Voilà pourquoi ces filles des Alpes, transplantées dans nos jardins, y réussissent si difficilement, parce que nous ne pouvons leur donner la grande lumière qui leur est indispensable

sans leur communiquer une chaleur plus grande que
celle de leur pays natal. La maladie qui résulte pour les
plantes de la privation de la lumière se nomme *étiole-*
ment. On ne les en guérit qu'en leur rendant la lumière
par degrés et en les accoutumant peu à peu au grand
jour.

195. Le *calorique* est aussi essentiel que la lumière à la
végétation ; mais la quantité nécessaire est très-variable
pour les différentes plantes, puisque la *soldanelle* des
Alpes fleurit sous la neige, tandis que les *ananas* demandent 60 à 70 degrés. Trop, et trop peu de calorique nuisent également à la végétation. Trop de chaleur produit
une évaporation dont l'absorption des racines ne peut
réparer les pertes : alors la plante se fane et se dessèche ;
trop de froid, surtout s'il est uni à l'humidité, gèle la
plante et la fait absolument périr.

§ 2. — *Eau liquide ou en vapeur.*

196. Le second milieu dans lequel vivent les plantes
est l'*eau*, qui est l'un des agents les plus importants de la
végétation.

L'eau agit sur les plantes de deux manières : comme
corps humectant, et comme véhicule des matières nutritives qu'elle peut dissoudre.

197. L'eau sert comme corps humectant, mais il ne
faut pas qu'elle soit trop abondante et séjourne trop longtemps dans les plantes. Autrement elle relache et distend
leurs tissus, et elles périssent bientôt par la *pourriture*, si
la lumière et le calorique ne viennent établir dans la sève
un mouvement réparateur.

C'est surtout pendant l'hiver que la trop grande quantité d'eau peut faire beaucoup de mal aux arbres ; elle se
gèle dans les cellules, les brise en se dilatant, et lorsqu'une grande quantité de ces petites cellules ont été

rompues, leur destruction partielle entraîne bientôt la
mort générale. L'expérience prouve en effet que nos
arbres supportent plus de degrés de froid quand l'automne a été sec que lorsqu'il a été très-pluvieux.

198. Le manque d'eau retarde aussi la végétation. Si
ce manque est uni à une vive lumière et à une grande
chaleur prolongée, la plante se fane, se dessèche; la vie
s'éteint d'abord dans les parties les plus faibles et disparaît bientôt.

La quantité d'eau nécessaire à chaque plante est très-
variable : elle est en rapport avec la quantité de *stomates*
qu'elle présente. Plus une plante en a, plus l'eau lui est
nécessaire. Ainsi, les plantes grasses, les beaux *cactus* de
nos serres, étant à peu près entièrement privés de ces
organes, supportent une très-grande chaleur sans se faner;
les arrosements un peu fréquents, et même l'air humide,
les font infailliblement pourrir; tandis que les plantes
aquatiques, comme le *nymphæa*, ont besoin d'être continuellement plongées dans l'eau, et se dessèchent promptement quand elles en sont sorties.

199. L'eau sert, en second lieu, comme véhicule, dans
l'intérieur de la plante, des substances nutritives qu'elle
tient en dissolution. Il faut pour cela qu'elle en contienne
une petite quantité. Si elle était trop épaisse, elle ne
pourrait pénétrer dans les stomates étroits par lesquels
les extrémités des rameaux pompent les sucs nourriciers.
C'est ainsi que, selon l'expression énergique des agriculteurs, le fumier *brûle les plantes* quand il est trop abondant, c'est-à-dire que les pores des extrémités de la racine
sont bouchés et encroûtés par ce liquide trop épais, et ne
laissent plus rien passer.

§ 3. — *Milieu terrestre.*

200. La *terre* est le milieu dans lequel les plantes trou-

vent par leur racine leur point d'appui et une partie de
leur nourriture. Comme les racines vont y puiser les sucs
destinés à former la sève, la qualité de la terre doit avoir
une puissante influence sur la bonne ou la mauvaise
santé des végétaux.

201. Les deux éléments principaux qui constituent la
terre cultivable sont le *sable* et l'*argile*, mélangés dans
des proportions excessivement variables. Le sable peut
être *siliceux* ou *calcaire*. Cependant le sol végétal est très-
rarement uniquement formé de sable ou d'argile; il renferme encore un certain nombre de substances salines, et
des débris de matières organiques, désignées sous le nom
d'*humus* ou de *terreau*.

202. Cela posé, on divise tous les terrains en trois
classes : les *terrains siliceux*, formés entièrement ou principalement de sable siliceux ; les *terrains calcaires*, où le
sable calcaire domine ; les *terrains argileux*, composés
uniquement ou au moins principalement d'argile. Il est
fort peu de terrains *sablonneux* ou *argileux* purs ; quand
ils se rencontrent, ils sont entièrement défavorables à la
végétation. Les premiers, trop vite desséchés, n'offrent
pas aux racines des sucs suffisants, et les plantes s'y flétrissent ; les seconds, trop adhérents, deviennent imper-
méables dès qu'ils sont humectés ; l'eau croupit à la partie
supérieure sans pouvoir pénétrer dans leur intérieur ;
dès lors, les plantes qui s'enfoncent peu y pourrissent, et
celles qui ont des racines profondes ne tardent pas à s'y
dessécher.

203. C'est un fait d'expérience de plus en plus confirmé
que la constitution du sol imprime à la végétation de
chaque contrée un cachet particulier ; en d'autres termes,
que les différentes espèces de végétaux ont pour condition principale de leur existence un terrain d'une nature
déterminée.

Ainsi, certaines plantes, que l'on trouve en grande

abondance dans les terrains *granitiques* (espèce de terrain
siliceux), telles que les *digitalis purpurea, senecio artemi-
siæfolius, ranunculus hederaceus, brassica cheiranthus*, etc.,
se retrouvent également dans les sables de dépôt ou les
graviers siliceux, mais aucune d'elles ne pourrait croître
dans le calcaire pur. De même, plusieurs espèces, comme
l'*inula montana*, qui croissent de préférence dans le calcaire jurassique, se trouveront également dans les autres
formations où dominent les diverses combinaisons de la
chaux, mais ne se rencontreront jamais dans les terrains
granitiques. Il y a cependant quelques exceptions à cette
règle, c'est-à-dire qu'il est des plantes qui vivent indifféremment et également bien dans toute espèce de terrain;
mais elles sont peu nombreuses, et ne doivent être considérées que comme une exception. Cette étude de l'affinité
de chaque espèce de plantes pour une espèce de sol déterminée a été trop négligée par les anciens botanistes; la
connaissance en serait d'une immense utilité, comme
aussi elle influerait de la manière la plus heureuse sur le
perfectionnement de la floriculture.

204. Le sol, même le meilleur et le mieux approprié à
chaque plante par sa constitution, peut devenir pour les
végétaux un principe de dépérissement et de mort, s'il
est vicié par des causes accidentelles. Nous avons déjà vu
que les racines laissent suinter de leurs extrémités une
excrétion particulière, cause des antipathies de certaines
plantes les unes pour les autres. Ainsi, le *chardon hémor-
rhoïdal* nuit à l'avoine, l'*érigeron âcre* au froment, la *scabieuse* au lin, etc. Tout le monde sait que quand il faut
remplacer un arbre fruitier, un poirier, un pêcher, etc.,
si on veut mettre le nouveau à la place de l'ancien, il faut
changer entièrement la terre à une assez grande distance
et à une assez grande profondeur, sinon le nouvel arbre
aura toujours, malgré tous les soins du jardinier, une
végétation languissante, des fruits nuls ou peu abondants

et de mauvaise qualité. Le terrain serait encore détérioré accidentellement par des substances vénéneuses qu'on y aurait fortuitement introduites; car les plantes peuvent être empoisonnées aussi bien que les animaux. Nous avons vu un laurier-rose perdre ses feuilles et dépérir entièrement en moins de dix jours, parce qu'un domestique, qui ne connaissait probablement pas les lois de la pathologie végétale, avait jeté sur la caisse qui le renfermait l'eau d'un mélange réfrigérant qui avait servi à faire de la glace, et dans lequel était entré de l'acide sulfurique (vitriol). Nous connaissons un jardinier, voisin d'une ancienne fabrique de papiers peints, chez lequel deux plates-bandes parallèles et séparées seulement par une allée sont plantées chaque année de reines-marguerites. L'une de ces plates-bandes porte des plantes vigoureuses qui se couvrent de magnifiques fleurs, tandis que l'autre ne produit que des pieds maigres, rabougris, à feuilles jaunâtres, à fleurs petites, rares et peu colorées. La cause unique de cette différence est que la seconde plate-bande a été recouverte d'une couche de terre et de débris venant de l'ancienne fabrique et imbibés autrefois (il y a plus de dix ans) de couleurs préparées avec des acides. On ne saurait donc prendre trop de précautions afin de ne jamais jeter sur les terres que l'on cultive des substances qui pourraient les rendre vénéneuses pour les plantes qu'on veut y semer.

Telles sont les principales causes des maladies des végétaux ayant pour origine la viciation des milieux.

Examinons maintenant celles qui attaquent leurs organes ou les empêchent d'exercer leurs fonctions.

Questionnaire.

Qu'est-ce que la pathologie végétale? — Que faut-il pour que les plantes vivent en bonne santé? — Quelles conditions doit offrir leur premier milieu, l'air atmosphérique? — La lumière influe-t-elle beaucoup sur la végétation? — Quel degré de chaleur demande celle-ci? — Comment l'eau agit-elle sur les plantes? — Comment leur nuit-elle par excès, par défaut, par surabondance de principes nutritifs? — Qu'entend-on par milieu terrestre, et quels sont ses principaux éléments? — Les terrains sablonneux ou argileux purs conviennent-ils à la végétation? — La flore des localités est-elle en rapport avec leur terrain? — Quelles sont les causes accidentelles qui peuvent vicier le sol, même le plus propre à la végétation?

ARTICLE II.

CAUSES DES MALADIES DES PLANTES QUI ATTAQUENT LEURS ORGANES ET LES EMPÊCHENT D'AGIR.

205. On voit par notre titre même que ces causes sont de deux sortes : les unes s'attaquent aux organes des plantes, les déforment et les détruisent; les autres les recouvrent simplement, interceptent leur communication avec les fluides environnants, et les empêchent d'exercer leurs fonctions. Les premières sont les insectes et les animaux nuisibles; les secondes sont, en général, les plantes parasites et certaines sécrétions. Nous disons *en général,* parce qu'il est aussi des plantes parasites qui corrodent les organes et paralysent leur action. Nous allons énumérer successivement ces causes, en indiquant à mesure les remèdes les plus convenables à employer pour prévenir ou guérir leurs funestes effets.

§ 1. — *Animaux et insectes nuisibles.*

206. 1° *Taupe.* La taupe est un genre de mammifères, de l'ordre des carnassiers, et de la famille des insectivores. Cet animal se creuse sous terre des galeries soutenues de distance en distance par des cloisons et des piliers. Emblème des traîtres qui nuisent aux hommes en agissant

sournoisement par des voies souterraines, il cause les plus grands dommages aux agriculteurs et aux jardiniers en bouleversant le sol et en coupant les racines. La taupe rend cependant quelques·services : le principal est d'être une ennemie acharnée pour les vers blancs qu'elle chasse et détruit en grande quantité. Comme ceux-ci font mille fois plus de dégâts que les taupes, il y aurait peut-être de l'avantage à ne pas détruire de quelque temps celles-ci dans les endroits infestés par les vers blancs.

On prend les taupes avec des piéges de différentes es- pèces qu'on place dans leurs galeries. Comme elles craignent aussi beaucoup l'eau, en la faisant affluer dans le terrain qu'elles occupent, on parvient à les en chasser. On emploie souvent ce moyen dans les prai- raies.

207. 2° La *courtilière, taupe-grillon* (*grillo-talpa,* Linn.) et *courterole* dans nos campagnes, doit être classée au premier rang des animaux dévastateurs de nos potagers et de nos parterres. « En examinant cet insecte pour la » première fois, dit le savant et aimable M. Lacène, fon- » dateur de la société d'agriculture de Lyon (1), on ne » peut se défendre d'abord d'une certaine impression » d'horreur : il est difficile d'en trouver un qui soit plus » hideux et plus repoussant. M. Latreille parle d'un natu- » raliste allemand qui était tellement effrayé à la vue de » ces animaux, qu'il n'osa en disséquer que lorsqu'on lui » eut assuré que, dans les campagnes, les enfants en font » leur jouet. »

208. La bouche des courtilières est armée de mandi- *bules* fortes, cornées et dentelées; mais ce qu'elles ont tout à la fois de particulier et de *redoutable, c'est* la dis- position et le mécanisme de leurs deux pattes de devant.

_____

(1) Rapport lu à la Société Linnéenne en 1836.

7

Formées d'une substance écailleuse, elles sont armées de quatre dents aiguës, et s'abaissent et jouent comme une paire de ciseaux contre un appendice relevé et tranchant placé à la base des cuisses. Leur tarse de trois articles aplatis et prolongés également en dents de scie sert encore, en se repliant contre la jambe, à augmenter les moyens de destruction de ce formidable insecte.

C'est avec ces armes puissantes que la courtilière, creusant, comme la taupe, des galeries souterraines, mais à une moins grande profondeur, attaque et coupe au collet toutes les plantes qui se trouvent sur son passage, ronge leurs racines, et bouleverse en même temps le sol dans lequel elles sont plantées. Cet insecte est, en un mot, le plus grand fléau qui puisse affliger un jardin.

209. Malheureusement les moyens de le détruire sont peu nombreux, et surtout ne sont pas de nature à être appliqués en grand. En voici cependant quelques-uns.

On a reconnu que l'huile est pour les courtilières un poison mortel. Il n'est pas nécessaire de la leur faire avaler ; il suffit de la mettre en contact avec leur organe de respiration. Pour s'en convaincre, qu'on prenne une courtilière, qu'avec la barbe d'une plume on laisse tomber une ou deux gouttes d'huile sur son dos ; en moins d'un quart d'heure elle sera suffoquée. Cela posé, on suit avec le doigt les traces de la galerie que l'insecte s'est creusée à fleur de terre, jusqu'à ce qu'on arrive au trou vertical qui conduit à son habitation ; alors on y verse une petite quantité d'huile mélangée et battue avec de l'eau : la courtilière ne tarde pas à paraître à la surface et ordinairement à étouffer. Quelques jardiniers, après avoir trouvé le trou perpendiculaire comme nous venons de l'indiquer, donnent rapidement un grand coup de bêche à 30 centimètres de profondeur, et souvent ils enlèvent ainsi, non seulement la courtilière mère, mais encore son nid, qui, ayant la grosseur et la forme d'une orange,

contient quelquefois deux ou trois cents œufs ou petits
venant de naître.

210. D'autres fois, on enterre à fleur de terre des pots
qu'on a soin de boucher au fond pour y mettre 5 à 6 centimètres d'eau : la courtilière, en creusant précipitam-
ment sa galerie, arrive au niveau supérieur de ces vases,
tombe dedans et se noie dans l'eau. On peut encore disposer, dans les endroits infestés par ces funestes insectes,
de petits tas d'herbe ou de fumier ; comme ils aiment à
s'y retirer, on les y saisit et on les détruit. Nous indique-
rons enfin, comme un remède très-répandu en Italie, la suie
de cheminée semée sur le terrain infesté par les courtilières
et mélangée avec lui par un bon labour. Mais on ne peut
aussitôt après y semer des grains, parce que la suie les
brûle. Tous ces procédés peuvent être appliqués avec
avantage ; mais ils sont minutieux, demandent du temps,
de l'adresse, et ne peuvent être employés en grand.

211. 3° *Ver blanc.* Le ver blanc, connu dans nos campagnes sous le nom de *tour*, n'est autre chose que la larve
du hanneton. Le hanneton, avant de mourir, dépose ses
œufs dans la terre ; de ces œufs sortent des vers blancs,
qui, trois ou quatre ans après, se métamorphosent en
nouveaux hannetons. On a remarqué que ces insectes ne
sont jamais très-nombreux plusieurs années de suite.

Les vers blancs causent les plus grands ravages dans
les parterres et dans les jardins potagers. C'est aux racines
des plantes qu'ils s'attaquent. Ils commencent par en
ronger l'écorce tout autour et finissent par les couper
entièrement. Ce ne sont pas seulement les jardins qui
sont exposés à leurs dévastations, mais on voit encore des
vergers, des pépinières, des champs de céréales, des prés
naturels et artificiels entièrement dévorés par eux. Si, au
mois de juin ou de juillet, vous voyez vos fleurs incliner
leurs têtes, vos roses ou vos jeunes arbres se faner et se
flétrir sans cause apparente, creusez au pied, vous êtes

sûr de trouver un ou deux de ces maudits *tours* occupés à
leur œuvre de destruction.

212. Un des meilleurs moyens de se garantir de leurs
ravages est de prévenir leur multiplication en détruisant
les hannetons. Pour y réussir, dans la saison où ceux-ci
abondent, on leur fait la chasse tous les jours à midi, en
secouant les branches des arbres. Ces insectes tombent,
on les écrase ou on les noie, et on diminue ainsi la ponte
des œufs. Mais comme, malgré ce soin, on ne pourra
jamais tous les détruire, il faut encore prendre d'autres
précautions. D'abord, en travaillant le terrain qu'on veut
ensemencer ou planter, on commence par détruire, en les
coupant avec la bêche, tous ceux qu'on peut découvrir.
Ensuite, on met tout autour des massifs de plantes qu'on
veut garantir une ligne de laitues : comme les vers blancs
en sont excessivement friands, c'est à elles qu'ils s'attaquent de préférence, et ainsi les fleurs précieuses sont
préservées. De plus, de temps à autre, on visite les laitues; dès qu'elles se fanent, on fouille à leur pied, on y
trouve un ou plusieurs vers blancs qu'on détruit.

213. Enfin, si ces moyens ne suffisent pas, on les
termine complètement en arrosant la terre qu'ils infes-
tent avec la composition suivante : chaux, 12 kilogrammes; suie de cheminée, 12 kilogrammes; hydro-
chlorate de soude, 2 kilogrammes; fleur de soufre,
4 kilogrammes; aloès cabalin, 1 kilogramme; feuilles
d'absinthe, 1 brassée; eau, 2 hectolitres. On met le tout
dans une grande auge, on le laisse en macération pendant deux jours, en ayant soin de remuer de temps en
.emps pendant cet intervalle, et on laisse ensuite déposer
our s'en servir. Lorsqu'on veut opérer, on commence
par faire arroser dès la veille avec de l'eau simple pour
attirer les vers blancs près de la surface du sol, et le lendemain matin, avant la chaleur, on fait donner un ample
arrosage avec l'eau préparée. Il faut renouveler l'opéra-

tion tous les trois jours, jusqu'à réussite. Les vers blancs, atteints par le liquide périssent infailliblement, et ceux qui lui échappent sont si épouvantés, qu'ils vont exercer ailleurs leur coupable industrie. Cette eau ne change aucunement la nature du sol; loin d'attaquer les végétaux, elle leur donne, au contraire une vigueur nouvelle.

214. 4° *Perce-oreilles* ou *forficule.* Cet insecte bien connu, redouté des enfants de nos campagnes, qui s'imaginent qu'il peut venir leur percer les membranes des oreilles pour aller ensuite leur ronger la cervelle, n'est à craindre que pour les jardiniers. Les perce-oreilles entament les fruits, coupent les pétales et les étamines des fleurs, rongent les jeunes feuilles et les bourgeons encore tendres, et peuvent détruire entièrement une plantation, ou du moins la gâter. C'est surtout aux dahlias qu'ils causent des dommages incalculables. Comme les brigands, ils profitent des ténèbres de la nuit pour exercer leurs dévastations; le jour, ils se cachent sous les pierres, sous les tuiles, ou dans les crevasses des arbres.

215. Pour les détruire, on leur prépare une retraite facile où on puisse commodément les saisir. Ainsi, tantôt on met une ou deux feuilles de chou au pied de la plante qu'ils ravagent, tantôt on place sur cette plante ou à terre des tuyaux en roseau ou des cornets en terre; d'autres fois, on plante tout autour de petits bâtons, au sommet desquels on place des sabots de veau, de cochon, ou des pots renversés dans lesquels on met un peu de foin; le matin, au lever du soleil, on visite ses feuilles de chou, ses tuyaux, ses sabots ou ses pots, et l'on fait main basse sur tous les perce-oreilles qui s'y sont réfugiés.

216. 5° *Limaces, escargots.* Ces mollusques rampants, à bave dégoûtante, se multiplient étonnamment dans les années pluvieuses; leur grand ennemi, c'est le soleil et la sécheresse. Ils rongent les feuilles et les fleurs, et s'insi-

nuent même dans l'intérieur des tiges herbacées pour en dévorer les tissus les plus tendres.

La chaux vive éteinte à l'air et réduite en poudre, l'eau de chaux et plusieurs autres substances caustiques les font périr; mais leur emploi par simple aspersion est difficilement praticable : le vent les emporte, le soleil les fait évaporer, et, en outre, elles peuvent nuire à la plante sur laquelle on les répand. Le meilleur moyen est de se servir de petites planches, de tuiles ou autres abris de ce genre, qu'on soulève du côté exposé au nord; les limaces s'y réfugient pour jouir de la fraîcheur pendant la chaleur du jour, et l'on profite de leur inaction pour les exterminer sans pitié.

217. 5° *Fourmis.* « La fourmi n'est pas prêteuse, » a dit le bon Lafontaine; mais elle ne se fait nul scrupule de venir emprunter sa nourriture à nos fleurs délicates et à nos fruits succulents. Le nombre prodigieux des fourmis et leur activité infatigable les rendent au moins ennuyeuses, sinon bien redoutables. Pour s'en débarrasser, il faut, si l'on peut découvrir les fourmilières, y verser un ou deux arrosoirs d'eau bouillante, ou bien employer l'huile, qui produit sur la fourmi le même effet que sur la courtillière.

Si l'on ne peut trouver la fourmilière, ou si sa position contrarie les moyens indiqués, on détruit les fourmis avec de l'eau miellée; on prend des verres à boire, on y verse de l'eau miellée jusqu'aux trois quarts ou au milieu de leur hauteur, on les suspend aux arbres où les fourmis viennent butiner : attirées par l'appât, elles descendent dans le verre et s'y noient. Quand l'eau miellée en est pleine, on la jette, et on la remplace pour recommencer la même opération. A d'autres qu'aux fourmis, nous pourrions dire dans leur intérêt : Défiez-vous de ceux qui vous présentent une coupe de miel; sa douceur trompeuse pourrait se changer pour vous en un poison mortel.

218. 7° *Chenilles.*

> Que sur vos fruits la livide chenille
> N'ose jamais promener son venin,

a dit un poète (1); nous pourrions ajouter : non-seulement sur vos fruits, mais encore sur vos fleurs et sur vos feuilles; car elle les ronge et nuit ainsi grandement à la végétation.

On se débarrasse des chenilles en échenillant tous les ans avec soin vers la fin de l'hiver. Cette opération consiste à enlever les nids et à les brûler, et de plus, à retrancher, en taillant les arbres, les anneaux d'œufs qu'elles déposent autour des branches.

> Cachée à nos regards, la hideuse chenille
> Sous le pampre naissant dépose sa famille (2).

Si, malgré ces précautions, quelques nids ont échappé, il suffira, quand on verra les chenilles réunies sur un arbre, de les arroser avec de l'huile au moyen de barbes de plume : à peine auront-elles senti le contact de ce liquide vénéneux pour elles qu'elles tomberont raides mortes.

219. 8° *Pyrale de la vigne.* La pyrale de la vigne est un insecte qui, quoique fort petit, anéantit, si on ne l'arrête, la presque totalité de la récolte. D'abord chenille verte ou d'un vert jaunâtre, elle se métamorphose ensuite en un petit papillon nocturne, jaunâtre, à reflet plus ou moins doré. C'est à l'état de chenille que la pyrale s'attaque aux bourgeons de la vigne et ravage les jeunes feuilles. Après les avoir dévorées en quelques jours, elle ronge même les jeunes raisins dans le bourgeon, et se porte ensuite aux extrémités les plus tendres, qu'elle ravage à leur tour. Il n'y a pas fort longtemps que la pyrale se ré-

(1) Campenon.
(2) Rosset.

pandit dans les vignobles du Beaujolais, et causa aux propriétaires d'énormes pertes. Ce ne fut qu'après bien des années de dévastation qu'ils se décidèrent à employer des moyens préservatifs.

220. Le procédé généralement pratiqué et qui agit efficacement, consiste à échauder, c'est-à-dire à laver avec de l'eau bouillante les ceps après la taille du printemps. A cette époque, les petites chenilles sont encore hivernées dans de petits cocons enfermés dans les fissures de l'écorce ancienne et sous ses lames desséchées. L'eau chaude va les y détruire en grande partie.

L'enlèvement des pontes à trois ou quatre reprises différentes pendant la fin de juin et tout le mois de juillet serait cependant un moyen préférable. Comme alors les hommes sont occupés aux grands travaux de la moisson, des femmes et des enfants pourraient facilement faire cette chasse. Les œufs sont déposés à la face supérieure des feuilles, en plaques ovales, d'abord vertes, puis passant insensiblement quelques jours après au jaune, au gris, et enfin au noir. La ponte a lieu du 25 juin au 25 juillet, et même dans quelques lieux jusqu'au 7 août; l'éclosion se fait de huit à quinze jours après la ponte : il faut donc ne pas être négligent si l'on veut détruire les œufs avant que les petites chenilles en soient sorties (1).

221. 9° *Araignées*. Les araignées chasseresses, qui tendent leurs toiles pour prendre des insectes, sont désagréables et hideuses à voir dans les jardins, mais elles font peu de mal aux plantes. Il en est une autre espèce qui, n'étant point *filandière*, court continuellement sur la terre, et ne s'occupe qu'à piquer la tigelle des jeunes semis pour en pomper les sucs. C'est surtout à ceux de carotte qu'elle s'attaque. Ces jeunes plantes, saignées ainsi à outrance, ne tardent pas à se faner et à périr.

(1) Pour le *phylloxera*, voyez le t. III.

Comme cette araignée craint excessivement l'humidité, on l'écarte des jeunes plantes en les arrosant légèrement chaque jour, quand le temps est sec, jusqu'à ce qu'elles aient poussé deux ou trois feuilles.

222. 10° *Vers de terre* ou *lombrics*. Ils nuisent aux semis en ce qu'ils creusent la terre et accumulent à sa surface en petits grumeaux celle qu'ils ont digérée; ils nuisent aux jeunes plantes en tirant et en traînant dans le sol leurs feuilles encore tendres. On détruit les vers en arrosant la terre avec de l'urine de vache : ils sortent immédiatement à la surface et y périssent en faisant des contorsions. Il ne faudrait pas arroser les plantes avec cette urine pure : elle les brûlerait; si l'on voulait s'en servir quelquefois comme d'engrais, on devrait ajouter au moins quatre parties d'eau.

223. 11° *Pucerons*. Les principales espèces sont le *puceron vert* et sa variété *brune*, et le *puceron lanigère*.

Le puceron vert et sa variété brune sont très-nuisibles à la culture du pêcher. On les détruit au moyen de fumigations de tabac, ou en arrosant les branches avec la composition nommée *eau tatin* (1).

224. Le *puceron lanigère* est ainsi nommé à cause d'un duvet blanc dont il est entièrement recouvert. Il s'attaque spécialement aux pommiers, autour des branches desquels il forme des cordons soyeux qu'on prendrait pour de la bourre si l'on n'y prêtait pas une minutieuse attention. Connu depuis 1787 en Angleterre, où l'on prétend qu'il a été apporté d'Amérique, il a commencé à se faire remarquer en 1812 dans l'ouest de la France, en Normandie en particulier, où il a causé longtemps les plus grands ravages. Aujourd'hui il est répandu un peu partout.

Les *pucerons lanigères* sont les ennemis les plus grands du pommier : ils piquent les branches et les rameaux,

(1) Voyez le Dictionnaire.

les lacèrent en tous sens, y développent des tumeurs et finissent par les faire périr.

225. Un des procédés les plus efficaces pour détruire
les *pucerons lanigères* consiste à arroser l'arbre qu'ils ravagent avec l'infusion de feuilles de pêcher. Il ne suffit
pas d'en faire des injections sur les branches malades, il
faut encore échauder pendant l'hiver avec cette infusion
bouillante les pieds des pommiers infestés. Comme, dans
cette saison, c'est dans les gerçures et dans les fentes de
cette partie de l'arbre que les *pucerons lanigères* se réfugient pour échapper à l'intempérie des frimas, en les y
détruisant, on vient à bout de les exterminer entièrement.

  Pour détruire le *puceron lanigère*, on recommande encore la décoction suivante : dans 12 verrées d'eau, on
fait bouillir 20 centigrammes de tabac à fumer, 20 cent.
de savon blanc, 20 cent. de fleur de soufre. On frotte la
branche malade avec une brosse rude, et on la lave avec
cette composition.

226. 12° *Grise.* Cette maladie attaque les melons, les
haricots, les dahlias, les rosiers, les tilleuls, beaucoup
d'autres plantes d'utilité ou d'agrément, et, dans les arbres
à fruits, spécialement le pêcher. Les feuilles prennent
d'abord un aspect poudreux, puis paraissent parsemées
de fils blanchâtres, semblables à des fils d'araignée, et
enfin tombent spontanément, ce qui cause le plus grand
dommage aux plantes et surtout aux fruits.

  La grise est produite par un insecte microscopique dé-
crit par Linné sous le nom de *tetranychus telarius.* C'est
pendant les grandes sécheresses que cet insecte se multi-
plie avec promptitude; l'humidité lui est contraire. Aussi
le meilleur moyen de le détruire est d'arroser chaque soir
les arbres ou plantes attaqués avec de l'eau ordinaire;
on se sert pour cet arrosement de la pompe à main, ins-
trument bien connu des jardiniers. Les fumigations de
tabac sont aussi très-efficaces.

227. 13° *Kermès* et *tigres*. Les *kermès*, connus des cultivateurs sous le nom de *punaises*, et les *tigres*, dont il y a trois variétés, causent aux arbres un grand préjudice en ce qu'ils détériorent et dessèchent leurs feuilles et une partie de leur écorce, qui ne peuvent plus exercer leurs fonctions. On les détruit avec l'*eau tatin* dont on arrose les arbres vers la fin de l'hiver, avant les premiers mouvements apparents de la sève du printemps. On pourrait encore se servir d'eau hydrogénée, c'est-à-dire l'eau dans laquelle on aurait fait passer un courant du gaz qui sert à l'éclairage de nos villes.

Questionnaire.

En quoi les taupes, les courtilières, les vers blancs, les perce-oreilles, les limaces, les fourmis, la pyrale, les araignées, les vers de terre, les pucerons verts, bruns, lanigères, la gris, les kermès et les tigres détériorent-ils les organes des plantes? — Quels remèdes à employer pour repousser ou détruire ces ennemis des végétaux?

---

§ 2. — *Plantes parasites et excroissances.*

228. 1° *Oïdium turkeri*, ou *maladie de la vigne*. La maladie terrible qui, pendant plusieurs années, a affecté le raisin et menacé d'en détruire entièrement la récolte, est occasionnée ou du moins développée par la présence d'un petit champignon nommé *oïdium turkeri*; ce qui a fait donner à la maladie le nom d'*oïdiatie*. Certains savants prétendent que l'*oïdium* est le résultat et non la cause de la maladie, laquelle serait produite, selon les uns, par un insecte du genre des *acarus*, suivant les autres, par la détérioration de la sève.

Presque aussitôt que les jeunes grains sont formés, ils paraissent d'abord entièrement recouverts d'une poudre grisâtre; vus alors au microscope, ils sont comme enveloppés dans une toile d'araignée. Peu à peu cette poudre se change en plaques roussâtres qui, à la fin, entourent chaque grain et l'empêchent de se développer. Insensiblement, il devient dur comme une pierre, se fend ordinairement, finit par tomber en pourriture, et répand une odeur infecte. Le dessous des feuilles et le bois lui-même sont attaqués; sillonné de veines, celui-ci ne mûrit pas à l'automne, gèle plus facilement en hiver, et semble conserver les germes de la maladie pour l'année suivante.

229. L'ignorance et la malveillance avaient accrédité promptement, dans nos campagnes, l'idée que ce fléau avait pour cause le gaz qui sert à l'éclairage de nos cités. C'était une conviction si fortement ancrée dans l'esprit de nos cultivateurs, que, dans un moment donné, elle aurait pu servir de levier pour les entraîner dans de coupables manœuvres. Il n'est pas nécessaire de réfuter cet absurde préjugé. Pline l'Ancien, qui vivait vers le milieu du premier siècle de l'ère chrétienne, semble avoir voulu décrire cette maladie dans ce passage remarquable : « Les vignes et les oliviers sont maintenant attaqués » d'une maladie particulière que l'on appelle la *toile d'a-* » *raignée*, parce qu'elle couvre les fruits d'une espèce de » réseau qui les enveloppe et finit par les consumer (1). » À cela nous ajouterons qu'elle a exercé ses ravages, il y a plus de quatre cents ans, aux environs de Bordeaux et en Italie; or, il y a quatre siècles aussi bien que du temps de Pline, le gaz était certainement complètement inconnu.

230. Le remède pour guérir l'*oïdiatie* est aujourd'hui parfaitement connu : c'est la *sulfurisation*. Cette opération consiste à répandre de la fleur de soufre sur le cep

_____

(1) Est etiamnum peculiare (malum) olivis et vitibus : araneum vocant, cum veluti telæ involvunt fructum et absumunt. (PLIN., *Nat. Hist.*, lib. XVII, cap. xxiv.)

malade (1). Il faut sulfuriser non-seulement les raisins, mais encore les feuilles, les sarments et le cep tout entier, dessus, dessous, dans toutes les directions. La sulfurisation doit être faite vers le milieu de la journée, par un temps sec et chaud, sans avoir mouillé préalablement le cep, comme on le faisait primitivement; l'eau empêchant le développement de l'acide sulfureux qui guérit la maladie. On doit employer le remède aussitôt que l'oïdium commence à se montrer; il serait sans efficacité si l'on attendait que la poudre blanche de la première période eût été remplacée par les plaques rousses de la deuxième. Si malgré cette première sulfurisation, la maladie venait à reparaître, il faudrait aussitôt en faire une seconde. Deux ou trois sulfurisations au plus suffiront pour arrêter complètement la maladie.

231. 2° *Maladie des pommes de terre.* La maladie des pommes de terre qui, comme celle du raisin, a presque entièrement disparu, s'était développée en Belgique en 1842 et avait gagné de là toutes les parties du globe. Le mal commence par les feuilles, qui changent de nuance et offrent à la loupe une légère moisissure sur la page inférieure. De là, le mal s'étend à la tige, sur laquelle on reconnaît des taches noires qui grandissent ou se multiplient. Les feuilles alors se dessèchent, brunissent, et la moisissure disparaît. Mais, au bout de quelques jours, de nouvelles moisissures se forment sur la plante morte, et en même temps les tubercules se détériorent peu à peu. Ils offrent d'abord sous l'écorce et près des yeux des taches jaunes qui se développent rapidement, entourent complètement le tubercule et finissent par le pourrir tout entier. Alors l'odeur qui s'en exhale est absolument celle d'un champignon en putréfaction.

(1) Pour répandre le soufre, on se sert d'une houppe ou du *soufflet sulfurisateur.*

232. Les savants ne sont nullement d'accord sur la cause de ce terrible fléau, qui a, pendant quelques années, menacé d'envahir complètement « ce pain des pauvres, » comme disait avec tant de vérité le bon roi Louis XVI. Les uns y voient une gangrène humide, c'est-à-dire une décomposition, avec excès d'humidité, du tissu de la plante, occasionnée par un champignon microscopique du genre des moisissures et qu'on appelle un *botrytis;* les autres considèrent le champignon comme l'effet et non comme la cause de la maladie : d'après eux, il faut l'attribuer au retard de la plantation et à la suppression des germes. Peut-être la maladie des pommes de terre et celle des raisins avaient-elles une cause générale et première dans l'humidité de l'air, dans les dérangements des saisons, si fréquents et si ordinaires depuis les grandes inondations de 1840.

233. Quoi qu'il en soit de la cause, on est à peu près d'accord, sur les moyens non pas de guérir la maladie (cette guérison est impossible), mais de la prévenir.

1° L'expérience a prouvé que les pommes de terre printannières ne sont jamais attaquées, tandis que les tardives le sont presque toujours. Ce sont donc les premières qu'il faut s'attacher à cultiver préférablement.

2° L'expérience a également démontré, en Irlande, en Belgique et en France, que la culture hivernale offre des chances certaines de succès. La culture hivernale consiste à planter les pommes de terre avant l'hiver. Le moment le plus favorable est depuis le milieu jusqu'à la fin de novembre; cependant, si le terrain est trop humide, on pourrait attendre jusqu'au milieu de février. Pour éviter la gelée, il est nécessaire, pour la culture hivernale, de planter les tubercules à une plus grande profondeur que pour la culture du printemps : 20 centimètres suffisent pour les hivers ordinaires; en les enfonçant à 30, on ne risque rien dans les plus rigoureux. Non-seulement les plantations d'automne échappent à la maladie, mais encore elles donnent des produits plus beaux et qui se conservent mieux.

On a remarqué aussi que les tubercules coupés en morceaux, ou dont on a arraché les germes déjà poussés, résistent moins à la gélée ou aux maladies.

234. Quelle que soit l'époque de la plantation, il est toujours au moins plus prudent de chauler les tubercules avant la plantation. On se sert pour cela de la composition suivante : chaux, 25 kilogrammes; sel de cuisine, 3 kilogrammes; sulfate de cuivre (vitriol bleu), 1 hectogramme; eau, 120 litres. On fait fondre le tout, et l'on y met tremper les pommes de terre une heure ou deux avant de les planter. Il serait même avantageux d'arroser le sol avec ce liquide immédiatement avant la plantation.

Il faut visiter de temps en temps son champ de pommes de terre, et, aussitôt qu'on aperçoit quelques plantes malades, les arracher promptement et les brûler.

235. 3° *Blanc, lèpre* ou *meunier* (*albigo* des Latins). Le blanc a une si grande ressemblance avec la maladie de la vigne qu'il serait très-facile de les confondre. Comme elle, il est produit par des champignons microscopiques des genres *oïdium, monilia, erysiphe,* etc.; leur odeur est absolument la même. C'est une sorte de poussière grisâtre, farineuse et terne qui s'attache aux feuilles et aux jeunes pousses, et gagne même quelquefois les fruits. On remarque le blanc sur les légumes, sur différents arbres, et, en particulier, sur le pêcher, qu'il fait périr si on n'a pas soin de l'arrêter. Le remède est la *sulfurisation* qu'on pratique exactement comme pour la vigne.

236. 4° *Carie, charbon, rouille.* Sous le nom d'*uredo,* que les Latins donnaient à une maladie du blé, les botanistes comprennent trois espèces de champignons pulvérulents, trop connus par les ravages qu'ils font aux céréales : ce sont la *carie,* le *charbon* et la *rouille.*

La *carie* (*uredo caries*) est la plus funeste. Elle attaque souvent des champs entiers, de froment surtout. Parasite d'autant plus à craindre qu'il est moins aperçu, elle vit au dépens du lait végétal qui forme l'intérieur du grain, consume toute la fécule, et lui substitue sa poussière noirâtre, qui s'exhale avec une odeur infecte quand on bat le blé. Elle est alors si abondante qu'elle noircit les batteurs et tous les autres grains que la carie n'avait pas attaqués. La couleur noire qui en résulte pour le pain, sans le rendre dangereux, le rend au moins très-dégoûtant. On est donc obligé de laver le grain et de le bien sécher avant la mouture. Dans tous les cas la carie cause toujours un grave dommage, en attaquant la presque totalité des grains d'un épi. On les distingue peu des autres, seulement les grains paraissent plus enflés et les glumelles plus entr'ouvertes.

Le *charbon* (*uredo carbo*), *nielle des blés*, est plus facilement aperçu. Il noircit en entier les épis ou les panicules des graminées et en détruit les grains. C'est dans les avoines qu'il produit les plus grands ravages; mais ils n'approchent point de ceux de la carie. La poussière noire dont il recouvre les plantes attaquées n'a point de mauvaise odeur.

La *rouille* (*uredo rubigo*) nuit plus à la paille des céréales qu'à leurs grains. C'est une poussière d'abord blanche, puis jaune, qui se développe sur les feuilles, les grains et le chaume des graminées. Ses ravages sont plus étendus que ceux du charbon : elle attaque souvent des champs entiers, et communique à la paille une très-mauvaise qualité; quelques auteurs même la disent mortelle pour les bestiaux.

Cette dernière espèce d'*uredo* a les plus grands rapports avec celle qui s'attache à certains arbustes, et spécialement aux arbres fruitiers.

Les cultivateurs ne sauraient prendre trop de précautions contre ces parasites dangereux; leur poussière imperceptible, s'attachant aux grains, les pénètre et se développe avec eux, mais toujours à leurs dépens, quand elle trouve des circonstances favorables : telles sont surtout les années pluvieuses et humides. Les terrains de plaine y sont aussi plus exposés que ceux des montagnes.

Le meilleur moyen pour garantir les céréales de la carie et du charbon, c'est de *chauler*, c'est-à-dire de laver les grains qu'on veut semer dans une dissolution de chaux vive ou de sulfate de cuivre. La vapeur de ces deux substances serait dangereuse pour le semeur, s'il n'avait la précaution de se placer de manière à être sous le vent. Il y aurait également du danger à faire de la farine ou à engraisser les bestiaux avec des grains passés au chaulage.

Quant à la rouille, on la prévient et on la guérit sur les arbres, par la *sulfurisation*.

237. 5° *Ergot*: Souvent, dans les années humides et dans les terrains maigres ou siliceux, se manifestent dans les épis du seigle commun des excroissances d'un violet noirâtre, oblongues, droites ou arquées, et assez semblables à cette arme des vieux coqs dont elle porte le nom. On n'y a vu longtemps qu'une simple dégénérescence morbide des grains de l'épi; plus tard on les a supposées résultant, comme le *bédegar*, de la piqûre de quelques insectes; on s'accorde aujourd'hui à les considérer comme un champignon parasite que de Candolle avait désigné sous le nom de *sclerotium clavus*, et que les botanistes regardent comme une nouvelle espèce du genre *sphacelia* (*sphacelia segetum*).

Trop souvent, dans nos montagnes, les accidents les plus graves ont suivi l'usage du pain de seigle où l'ergot se trouvait mêlé en proportion assez considérable (un cinquième ou un sixième). Des spasmes, des convulsions, des contractions des membres amènent souvent des affections gangréneuses, commençant par un fourmillement dans les membres, qui se paralysent peu à peu, se noircissent, se boursouflent et se détachent du corps.

Le meilleur remède pour préserver le seigle de ce champignon dangereux est encore le chaulage.

238. 6° Les *mousses* et les *lichens*. Ces plantes parasites s'amassent peu à peu sur le tronc et sur les branches des arbres qu'on néglige; elles leur causent avec le temps le plus grand dommage, soit en vivant à leurs dépens, soit en empêchant l'action de l'air, de la lumière et de la chaleur sur leur écorce. Pour en débarrasser les arbres, on commence par racler les parties attaquées de manière à ne pas endommager l'écorce, et on applique sur l'arbre, avec un gros pinceau, de l'eau dans laquelle on a délayé de la chaux éteinte. Cette dernière opération se fait à la fin de l'hiver.

239. 7° Le *gui*. Le gui (*viscum album*) est une plante parasite qui s'attache aux arbres, les épuise et les tue si elle est en trop grande abondance. La multiplication n'en est que trop facile par le moyen de la *draine*, espèce de grive qui, se nourrissant de ses baies gluantes, emporte à son bec les graines qui s'y collent, et les dissémine en l'essuyant aux branches. De quelque côté qu'elles s'y attachent, elles s'y développent en tous sens, aussi bien en bas qu'en haut, différant en cela des autres plantes vasculaires, qui tendent à monter. Dès qu'une tige de gui paraît sur un arbre, il faut l'enlever avec précaution; car il adhère à la branche comme s'il était greffé sur elle.

240. 8° Le *lierre* (*hedera helix*), si connu par son vert feuillage et sa tige grimpante, est un peu moins parasite que le gui, puisqu'il emprunte à la terre sa principale nourriture; mais il se cramponne aux troncs qu'il embrasse de ses étreintes, soutire nécessairement quelques

portions des fluides aqueux qui les parcourent et entre-
tient sur l'écorce une funeste humidité. Aussi voit-on
bientôt languir et dépérir les arbres qui en sont chargés.
Le meilleur moyen de s'en défaire est de couper le lierre
par le pied; privé de sa communication avec le sol, il
meurt bien vite, et on l'enlève facilement quand il est
desséché.

241. 9° *Cuscute.* La cuscute est un dangereux parasite
qui mérite bien d'être signalé ici. Elle s'attaque surtout
au trèfle, à la luzerne et au lin; s'étendant de proche en
proche, elle infeste quelquefois des champs entiers. On
voit bientôt leur verdure disparaître, comme sous une
espèce de lèpre; et quand on les examine de près, on découvre la cuscute, dont les tiges, semblables à des cheveux
roux, se sont enroulées à tout ce qu'elles ont pu saisir, et
ont groupé partout leurs bouquets de fleurs blanchâtres,
assez analogues à de grosses pustules.

Pas d'autre remède à employer que de faucher à rase
terre le champ tout entier infesté par la cuscute, de brûler
tout ce que l'on enlève du sol, de faire un labour profond
et de semer des céréales à la place.

242. 10° *Orobanches.* Toutes les orobanches sont aussi
des parasites; mais elles ne s'attaquent pas aux tiges,
c'est aux racines qu'elles font la guerre. Les deux espèces
les plus dangereuses sont la *petite* (*orobanche minor*), qui
s'attaque aux trèfles, et la *rameuse* (*orobanche ramosa*),
qui s'implante sur le chanvre. Elles peuvent, comme la
cuscute, ravager des champs entiers, parce que, comme
elle, elles se multiplient beaucoup. Il faut, pour s'en
défaire, renoncer à la récolte de l'année, l'arracher
promptement, et renouveler la place par deux ou trois
labours profonds.

243. 11° La *cloque.* C'est une excroissance qui se produit sur les feuilles et sur les bourgeons de certains arbres,
et en particulier du pêcher. Elle paraît d'abord sous l'as-

pect d'une teinte rougeâtre; dix à vingt jours après, les feuilles deviennent boursoufflées, crispées, contournées, ternes et épaisses; les bourgeons se gonflent et cessent de croître; les jeunes pousses meurent ou restent si rabougries qu'elles ne peuvent donner des branches à fruit l'année suivante.

Cette maladie paraît avoir pour cause les vents froids et humides qui succèdent brusquement à quelques jours de chaleur. Elle est très-nuisible à l'arbre, en ce que les boursoufflures des feuilles absorbent une grande partie de la sève, qui se trouve ainsi perdue pour les bourgeons, et en ce que dans ces boursoufflures se forment de petites pochettes où les insectes nuisibles se logent et se propagent.

244. On prévient la cloque en mettant au mur des chaperons, ou, si on ne le peut, des auvents mobiles. Ces auvents mobiles sont tout simplement de petites planches inclinées en talus, qu'on place à 10 ou 16 centimètres au-dessus de l'endroit où se terminent les plus forts rameaux; on les laisse depuis le mois de janvier jusqu'au milieu de mai.

Si, malgré cette précaution, on aperçoit la cloque attaquer les pêchers, il ne faut pas attendre qu'elle soit entièrement développée; il faut la faire disparaître aussitôt qu'elle commence à se montrer. Il suffit alors de retrancher les jeunes feuilles sur lesquelles on remarque la couleur rouge. Si, par manque de temps ou d'attention, la maladie est arrivée à son dernier période, il faudrait enlever de chaque feuille toutes les portions affectées, et, quant aux bourgeons, en extraire la partie malade en les rognant entre l'ongle du pouce et celui de l'index. Enfin, au moment de la reprise de la sève, si les jeunes rameaux sont encore malades, on rabattra par la taille les bourgeons sur les yeux sains. Mais on a beau faire, quand on attaque la maladie trop tard, il est très-difficile de l'extirper, et la récolte est ordinairement perdue au moins pour un an : il vaut donc infiniment mieux la prévenir ou la guérir dès le commencement.

245. 12° La *gomme*. La gomme est un suc morbifique propre aux arbres qui portent des fruits à noyaux, tels que les cerisiers, les abricotiers, les pêchers, etc. La gomme se forme entre l'écorce et l'aubier, où elle se coagule et se dépose. Si l'écorce offre peu de résistance, elle se fend, et la gomme s'échappe : le mal alors est peu considérable. Mais si l'écorce est épaisse et résiste, la gomme arrêtant la circulation de la sève, la branche d'abord et l'arbre lui-même ensuite peuvent périr. Les magnifiques abricotiers de la plaine d'Ampuis, qui enrichissaient de leurs produits le marché de Lyon, avaient, il y a quelques années, presque tous succombé sous l'action de la gomme qui les avait envahis.

Cette maladie se montre ordinairement au fort de l'été; elle a pour cause tantôt une taille ou un ébourgeonnement intempestifs, tantôt une lésion faite à l'écorce, le plus souvent des variations subites dans la température.

246. Le remède consiste à couper les rameaux attaqués à quelques centimètres au-dessous de la partie gommée. On peut encore pratiquer des incisions longitudinales pour faire écouler la gomme, quand on peut découvrir l'endroit où il s'en est formé un dépôt.

Telles sont les principales maladies qui peuvent altérer ou detruire la vie des végétaux. Il est inutile d'ajouter que les remèdes que nous avons indiqués ne sont pas tous et toujours infaillibles, pas plus que ceux indiqués par la médecine ne sont tous et toujours infaillibles pour guérir les maladies de notre corps.

Ainsi se trouve terminée notre histoire de la vie des plantes et en même temps la première partie de notre ouvrage, contenant la *Botanique organique* ou *physique végétale.*

Maintenant il nous faut continuer notre tâche; nous n'avons fourni qu'un tiers de notre course en étudiant la Botanique organique; entrons dans le second, qui est la taxonomie, c'est-à-dire l'application des lois générales de la classification au règne végétal.

Questionnaire.

Est-il des causes qui nuisent aux plantes en s'opposant au développement de leurs organes? — Que penser de l'oïdiatie, ou maladie de la vigne, et comment la guérir? de la maladie des pommes de terre, et comment la prévenir? — Qu'est-ce que le blanc, la rouille, la carie, le charbon, l'ergot? — Quelles sont les plantes parasites qui nuisent aux végétaux, et comment faut-il s'en débarrasser? — Comment obvier à la cloque et à la gomme?

DEUXIÈME PARTIE

TAXONOMIE

247. La *taxonomie* (1) est cette partie de la Botanique qui a pour objet l'application des lois de la classification au règne végétal.

On appelle classification, en général, *la distribution méthodique ou systématique de tous les êtres qui existent dans la nature en règnes, classes, sections, familles, tribus, genres, espèces et variétés.*

Toute classification, pour être bonne, doit être fondée sur des propriétés et des caractères tels, que l'on puisse facilement, d'après ces caractères et ces propriétés, assigner à chaque individu la place qui lui convient dans la série des êtres créés, et réciproquement, d'après la place qu'occupe un individu dans la série des êtres, en connaître les propriétés et les caractères.

248. Appliquons ces notions à la Botanique, et nous dirons que *classer une plante, c'est lui assigner, d'après sa structure et ses propriétés, la place qui lui convient dans la série des végétaux, de telle sorte que l'on puisse, par cette seule place, en connaître facilement la structure et les propriétés.*

Comme, avant d'essayer de classer les plantes, il est nécessaire de connaître les différents systèmes et les di-

_____

(1) De τάσσω, j'arrange, et νόμος, loi, c'est-à-dire loi de classification.

verses méthodes qui ont été inventés par la science pour
arriver à ce résultat important, nous parlerons d'abord
des systèmes et des méthodes de classification qu'on a
suivis en Botanique; ensuite, dans une clef analytique
qui terminera ce premier volume, et dans les descriptions
de famille, genres et espèces qui rempliront le second,
nous ferons l'application de ces systèmes et de ces méthodes à la classification des végétaux.

249. A l'époque où la Botanique ne consistait que
dans la connaissance d'un petit nombre de plantes, ceux
qui se livraient à cette étude n'avaient besoin que d'une
mémoire heureuse pour retenir les noms de tous les végétaux qu'ils avaient observés. Mais quand, par des voyages
lointains et des observations plus attentives, le nombre
des plantes étudiées se fut considérablement augmenté,
on sentit la nécessité de les disposer dans un ordre régulier, afin d'en faciliter la recherche. De là vint la création
des classifications. Nous parlerons d'abord des différentes
espèces de classifications, nous donnerons ensuite une
analyse des principaux systèmes et des principales méthodes qui ont été inventés.

CHAPITRE PREMIER.

Des différentes espèces de classifications.

250. Les classifications sont de deux sortes : ce sont
1° les classifications artificielles, appelées communément
systèmes ; 2° les classifications naturelles, nommées ordinairement *méthodes.*

Le *système* consiste à ne prendre pour base et pour
guide que la considération d'un seul organe. C'est ainsi

que, comme nous l'expliquerons plus loin, Tournefort s'est attaché uniquement à la corolle, et que Linné s'est servi exclusivement des étamines. La *méthode*, au contraire, est fondée sur l'ensemble des caractères tirés de toutes les parties du règne végétal.

Un exemple familier fera comprendre la différence de ces deux sortes de classifications. Les mots d'une langue sont classés *artificiellement* ou *par système*, lorsque, dans un dictionnaire, on les dispose par ordre alphabétique, en prenant pour caractère arbitraire d'arrangement les premières lettres dont chaque mot se compose. Ils sont, au contraire, classés d'après une *méthode naturelle*, quand, dans une grammaire, les mots sont divisés en substantifs, adjectifs, verbes, etc.

251. Il est aisé de voir par là que les systèmes artificiels sont en général d'une application facile, tout comme il est facile de classer les mots dans un dictionnaire par ordre alphabétique; mais cette sorte de classification ne fait rien connaître d'important sur la nature des êtres ainsi disposés. Les méthodes naturelles, au contraire, étant basées sur la nature même des objets classés, offrent, il est vrai, quelques difficultés, parce qu'elles exigent préalablement une étude attentive, une observation minutieuse et approfondie ; mais aussi elles ont l'immense avantage de faire connaître, par la seule place qu'occupent les êtres classés, quelle est leur nature et quelles sont leurs propriétés.

Dans l'état où se trouve la science moderne, les méthodes naturelles sont et peuvent être admises. Nous expliquerons donc la méthode naturelle suivie en Botanique; mais auparavant, comme il est utile et instructif de connaître les systèmes les plus importants, nous exposerons les principaux avec détail. Cet ensemble constituera dans le second chapitre une esquisse rapide de l'histoire de la Botanique.

Questionnaire.

*Qu'est-ce que la taxonomie? — Qu'entend-on par classifications en Bo-
tanique? — Sont-elles importantes? — Quelle différence entre les
deux modes de classification, systèmes et méthodes naturelles?*

CHAPITRE II.

Précis historique sur la Botanique. — Principaux systèmes et principales méthodes.

252. L'homme, entouré de plantes, en jouit d'abord
sans les connaître. Bientôt il en découvrit quelques propriétés, et ses observations furent transmises à ses enfants,
qui eux-mêmes en firent d'autres. Peu à peu un très-
grand nombre de végétaux furent étudiés, pour leur
utilité d'abord, ensuite pour leur agrément, enfin pour
l'intérêt de les connaître tous. C'est ainsi que la Botanique,
toujours cultivée dans son objet, mais longtemps étudiée
sans règles et sans principes, n'a pu devenir que par l'observation successive des siècles la science que nous pos-
sédons aujourd'hui.

253. Il est glorieux pour elle de pouvoir citer comme
son premier auteur le plus sage des hommes, Salomon,
qui, selon le langage de l'Ecriture, *discourut sur les
plantes, depuis l'hysope qui croît au pied des murs jusqu'au
cèdre du Liban.*

254. Parmi les Grecs, nous devons à Pythagore le premier traité sur les plantes. Quelques siècles plus tard, le
père de la médecine, Hippocrate, fut redevable à la connaissance de leurs vertus d'une part de sa célébrité; mais
il ne les décrivit que sous le rapport médical. Aristote les
envisagea de même : de sorte que le premier ouvrage de

botanique proprement dit ne remonte qu'à Théophraste, qui écrivait quatre siècles avant Jésus-Christ. Il y parle de la reproduction des plantes, et les divise en *fromentales, potagères et succulentes.*

255. Dioscoride, qui recueillit avec soin tout ce que l'on savait de son temps sur les végétaux, fit monter leur nombre connu à six cents. On le regarde comme le plus grand botaniste de l'antiquité; ses ouvrages furent souvent traduits, et il en parut plus tard une foule de commentaires. A peu près à la même époque, Pline le Naturaliste écrivit aussi l'histoire de quelques plantes; c'est à lui, par exemple, que nous devons des détails sur le fameux platane de Lycie (*V. D.*), qu'on admirait de son temps.

256. La Botanique, après ces trois auteurs, rentra entièrement dans le domaine de la médecine, et fut stationnaire comme elle. Les médecins arabes s'en occupèrent presque seuls jusqu'à la renaissance des lettres, époque où l'on sentit le désir de la remettre en lumière. On revint donc aux anciens; mais comme on ne put reconnaître les plantes qu'ils avaient décrites, force fut d'étudier la nature dans la nature elle-même. C'était le meilleur livre, et bientôt les observations devinrent plus exactes. Matthiole, un des premiers, s'illustra par de savants commentaires sur Dioscoride; Gessner reconnut qu'on pouvait grouper les plantes et les réunir par caractères communs; Césalpin les distribua en quinze classes spécialement basées sur la fructification. Ray, botaniste anglais, publia, en 1686, un ouvrage immense pour ce temps-là, puisque 18,000 plantes y étaient décrites ou au moins indiquées. Dans le même siècle, les deux frères Bauhin, Gaspard et Jean, rendirent à la science un service plus éminent encore par leur *synonymie*, ou rapprochement de tous les noms donnés aux mêmes plantes par différents auteurs. Rivin et Magnol

publièrent, le premier ses *Ordres de Plantes* en 1690, le second sa *Botanique de Montpellier* en 1720. De nouvelles classifications furent proposées : chaque auteur eut la sienne ; mais celle de Tournefort qui parut vers la fin du dix-septième siècle, triompha de toutes les autres. Son système, longtemps suivi est encore trop célèbre pour ne pas être exposé en détail.

257. Système de Tournefort (Joseph Pitton de). — Cet illustre botaniste dont les savants écrits ont fait tant d'honneur à la France, naquit à Aix en Provence en 1656. Louis XIV le nomma professeur de botanique au Jardin des Plantes de Paris, et lui donna une mission pour le Levant. On lui doit d'avoir spécifié, d'une manière plus précise qu'on ne l'avait fait jusqu'alors, les genres, les espèces et les variétés. Il partagea avec Linné l'enseignement public, et soutint longtemps avec honneur cette lutte glorieuse.

Le système dont Tournefort fut l'inventeur est basé presque entièrement sur la partie la plus séduisante de la fleur qui est la corolle. Il réunit toutes les plantes en vingt-deux classes, dont les caractères sont tirés : 1° de la consistance et de la durée de la tige, d'où il divise les végétaux en *herbes* et *arbres;* 2° de la présence ou de l'absence de la corolle, d'où il tire deux autres divisions : *herbes* ou *arbres pétalés*, *herbes* ou *arbres apétalés;* 3° de l'isolement des fleurs dans chaque calice, ou de leur réunion dans un involucre commun, d'où il les partage en *fleurs simples* et *fleurs composées;* 4° de la corolle, qui est *monopétale* ou *polypétale, régulière* ou *irrégulière.*

258. Le tableau ci-contre montre aux yeux et fait comprendre le mécanisme de cet ingénieux système,

TABLEAU SYNOPTIQUE DU SYSTÈME DE TOURNEFORT.

					CLASSES.	EXEMPLES.
Herbes à fleurs.	Pétalées.	Simples.	Monopétales.	Régulières.	1. Campaniformes.	Campanule.
					2. Infundibuliformes.	Tabac.
				Irrégulières.	3. Personnées.	Linaire.
					4. Labiées.	Sauge.
			Polypétales.	Régulières.	5. Cruciformes.	Giroflée.
					6. Rosacées.	Fraise.
					7. Ombellifères.	Angélique.
					8. Caryophyllées.	Œillet.
					9. Liliacées.	Lis.
				Irrégulières.	10. Papilionacées.	Haricot.
					11. Anomales.	Violette.
		Composées.			12. Flosculeuses.	Chardon.
					13. Semi-flosculeuses.	Laitue.
					14. Radiées.	Soleil.
	Apétalées.				15. A étamines.	Avoine.
					16. Sans fleurs.	Fougères.
					17. Sans fleurs ni fruits.	Champignons.
Arbres à fleurs.	Apétalées.				18. Apétalées proprement dites.	Buis
					19. Amentacées.	Chêne, Saule
	Pétalées.		Monopétales.		20. Monopétales.	Lilas.
			Polypétales.	Régulières.	21. Rosacées.	Pommier.
				Irrégulières.	22. Papilionacées.	Acacia.

259. Comme on le voit, ce système séduit d'abord par son extrême simplicité; il offre cependant plusieurs inconvénients, dont le plus grave est la séparation des végétaux en herbes et en arbres. Cette division est contre la science, puisque les mêmes plantes peuvent être, comme le *ricin*, herbacées sous une latitude et ligneuses sous une autre; puisqu'on trouve dans un même genre évidemment bien tranché, comme dans les *coronilles*, des espèces herbacées et des espèces ligneuses.

260. L'impulsion était donnée, une foule de nouveaux savants s'élancèrent sur les traces du botaniste français. Plukenet (né en 1642), Boërhaave (1668), Dillen (1687) et Vaillant (1669) écrivirent à l'envi pour la science, pendant que Miller, en Angleterre (1691), et l'abbé Rozier, à Lyon (1731), créaient des jardins botaniques et donnaient aux agronomes les plus précieux documents. Mais tous ces botanistes n'avaient proposé aucun système nouveau, ou du moins aucun de ces systèmes n'avaient porté la moindre atteinte à celui de Tournefort. Cette gloire semblait réservée à l'immortel Linné.

261. SYSTÈME DE LINNÉ. — Linné (Charles von) naquit en Suède en 1707, à Ræshult, province de Smœland. Son père, ministre luthérien, l'éleva dans le jardin du presbytère.

> Le zéphyr, agitant ses ailes odorantes,
> Porta vers son berceau le doux parfum des plantes;
> Déjà ses yeux fixaient leurs formes, leurs couleurs,
> Et ses mains pour hochet demandèrent des fleurs.
> Faible enfant, on le vit dans le fond des campagnes,
> Sur le flanc des rochers. au penchant des montagnes,
> Braver la ronce aiguë et les cailloux tranchants,
> Et rentrer tout chargé des dépouilles des champs.
> Aussi, quel lieu désert n'est plein de sa mémoire?
> Il fit de chaque plante un monument de gloire;
> Et Linné sur la terre, et Newton dans les cieux,
> D'une pareille gloire étonnèrent les dieux.
>   DELILLE.

Dans sa jeunesse, on opposa des entraves à son génie; mais son goût décidé pour les plantes et la protection de quelques hommes puissants le firent triompher de tous les obstacles. L'envie de se perfectionner dans la science qu'il aimait avec passion le conduisit à Upsal, où il professa la Botanique; mais bientôt la jalousie, que ses talents armèrent contre lui, le força de quitter la chaire qu'il occupait. Ce fut alors qu'il alla en Hollande, où il obtint, par le crédit de Boërhaave, la direction du superbe jardin de Cliffort, près de Harlem. De là, la renommée de son nom le rappela dans sa patrie, où toutes les distictions, toutes les faveurs de la fortune devinrent la récompense de ses peines et la couronne de son mérite. Il mourut à Upsal en 1778, âgé de soixante et onze ans.

262. Linné perfectionna la nomenclature botanique, ou plutôt la créa telle que nous l'avons aujourd'hui. Tournefort lui en avait tracé la route, en désignant chaque plante par une phrase où se trouvaient énumérés ses caractères; mais, outre que ces caractères manquaient souvent de précision, les phrases étaient trop longues pour qu'on pût en retenir un grand nombre. Linné, à l'exemple de Tournefort, donna à chaque genre un nom propre ou générique; mais, pour désigner l'espèce, il remplaça la phrase du botaniste français par un simple adjectif spécifique ajouté au nom du genre. C'est ainsi, par exemple, que la violette de nos jardins, qui était, dans Tournefort, *viola martia purpurea, flore simplici, odora,* devient tout simplement, dans Linné, *viola odorata.* On voit par là combien l'étude de la Botanique fut simplifiée.

263. Le système de Linné, qu'il publia en 1734, repose entièrement sur les caractères qu'on peut tirer des étamines (qu'il appelle du mot grec *andro*) considérées soit en elles-mêmes, soit dans leurs rapports avec les carpelles (qu'il désigne par le mot aussi grec *gynes*).

Ce système est partagé en vingt-quatre classes.

Les végétaux sont d'abord divisés en deux grandes sections. La première comprend ceux qui ont des étamines et des carpelles apparents : il les nomme *phanérogames;* la seconde renferme ceux qui ont des étamines et des carpelles invisibles, ou plutôt qui n'en ont pas du tout : il les appelle *cryptogames.* Les cryptogames, étant moins nombreux que les phanérogames, forment à eux seuls la vingt-quatrième classe; ceux-ci constituent les vingt-trois autres. Des étamines d'égale longueur, parfaitement libres, renfermées avec le carpelle dans une même enveloppe florale, déterminent par leur nombre les treize premières classes. Celles-ci se subdivisent ensuite, chacune d'après le nombre des carpelles, en *monogynie,* (1 carpelle), *digynie* (2 carpelles), *trigynie* (3 carpelles) *polyginie* (plusieurs carpelles, plus de 5).

La grandeur relative des étamines libres et dans la même coupe de fleur forme les deux classes suivantes; ce sont : la *didynamie* (4 étamines, dont **2** plus longues), qui se subdivise en *gymnospermie* (graines nues) et en *angiospermie* (graines dans une capsule), et la *tédradynamie,* qui se partage en *siliqueuses,* (à carpelles beaucoup plus longs que larges) et en *siliculeuses* (à carpelles à peu près aussi larges que long).

L'union des étamines entre elles par leurs filets ou par leurs anthères, ou avec le carpelle, fournit à Linné les cinq classes suivantes; ce sont : la *monadelphie* (étamines unies entre elles par leurs filets en un seul faisceau), la *diadelphie* (étamines réunies de même, mais en deux faisceaux), la *polyadelphie* (étamines toujours unies par les filets, mais en plus de deux faisceaux), la *syngénésie* (étamines soudées entre elles par leurs anthères), et la *gynandrie* (étamines et carpelles soudés entre eux).

La séparation des étamines d'avec les carpelles dans des enveloppes florales différentes, forment les trois

classes suivantes, qui sont : la *monœcie* (étamines et carpelles dans des fleurs différentes, mais sur un même
pied), la *diœcie* (étamines et carpelles dans des fleurs et
sur des pieds différents), et la *polygamie* (fleurs les unes
à étamines et carpelles, les autres sans étamines ou sans
carpelles sur le même pied ou sur des pieds différents).
Ces huit dernières classes se subdivisent, comme les neuf
premières, d'après le nombre des carpelles.

264. Le tableau synoptique suivant donnera une idée
complète de ce système.

TABLEAU SYNOPTIQUE DU SYSTÈME DE LINNÉ.

					CLASSES.	EXEMPLES.
Plantes à étamines et carpelles	Visibles.	Réunis dans la même fleur.	Non adhérents entre eux.	Etamines égales entre elles.		
				Moins de 20 étamines.		
				1 étamine	1. Monandrie	Pesse.
				2 étam.	2. Diandrie	Lilas.
				3 étam.	3. Triandrie	Iris.
				4 étam.	4. Tétrandrie	Scabieuse.
				5 étam.	5. Pentandrie	Bourrache.
				6 étam.	6. Hexandrie	Lis.
				7 étam.	7. Heptandrie	Marronnier.
				8 étam.	8. Octandrie	Bruyère.
				9 étam.	9. Ennéandrie	Laurier.
				10 étam.	10. Décandrie	OEillet.
				11 à 12 étam.	11. Dodécandrie	Réséda.
				20 étamines ou plus.		
				Adhérentes au calice.	12. Icosandrie	Rosier.
				Adhér. au réceptacle.	13. Polyandrie	Pavot.
			Etamines inégales.	4 étamines, dont 2 plus longues	14. Didynamie	Digitale.
				6 étamines, dont 4 plus longues	15. Tétradynamie.	Chou.
		Etamines soudées entre elles ou avec le carpelle.	Etamines soudées entre elles.	Par les filets.		
				En 1 faisceau	16. Monadelphie	Mauve.
				En 2 faisceaux	17. Diadelphie	Acacia.
				En plus de 2 faisceaux	18. Polyadelphie	Oranger.
				Par les anthères.	19. Syngénésie	Marguerite.
			Etamines soudées avec le carpelle.		20. Gynandrie	Orchis.
		Non réunis dans la même fleur.	Fleurs à anthères et fleurs à carpelles sur le même pied.		21. Monœcie	Maïs.
			Fleurs à anthères et fleurs à carpelles sur des pieds différents.		22. Diœcie	Saule.
			Fleurs les unes à anthères, les autres à carpelles, et d'autres à anthères et carpelles sur un ou plusieurs pieds.		23. Polygamie	Frêne.
	Invisibles.				24. Cryptogamie	Fougères.

265. Ce système, aussi vaste qu'ingénieux, a fait faire des pas immenses à la science, et, après plus d'un siècle d'existence, sa brillante clarté étonne encore. On ne peut néanmoins se dissimuler les graves inconvénients qu'il présente : d'abord, en assignant pour caractères distinctifs des organes qu'on distingue à peine, dont l'existence est très-fugace et accompagnée d'une foule d'anomalies; ensuite, en dispersant les familles les plus naturelles dans plusieurs classes entièrement différentes, ou bien en réunissant ensemble les plantes les plus disparates. N'est-il pas étrange, par exemple, de trouver dans la même classe et presque sur la même ligne l'épine-vinette et la tulipe, la violette et le chardon, le gland et la citrouille?

266. A tous ces systèmes, qui entravaient la marche de la nature et l'asservissement à leurs lois, succéda enfin la *méthode naturelle,* qui la prend pour guide, la développe et la suit. Cette méthode avait été esquissée par l'académicien Adanson (1727); mais elle est véritablement due à trois frères, *Antoine, Bernard* et *Joseph* DE JUSSIEU, et à leur neveu *Antoine-Laurent,* nés à Lyon vers la fin du dix-septième siècle et au commencement du dix-huitième. Ils eurent l'honneur de l'exposer et d'en être les véritables fondateurs. Joseph entreprit de longs voyages et rapporta d'intéressants documents sur les fleurs orientales. Bernard, fort des observations de son frère, les joignit à celles qu'il faisait lui-même depuis quarante ans sur les plantes, et les classa par ordre de *familles naturelles* dans les jardins de Trianon, dont il était directeur. Ce fut alors que le grand Linné vint du fond de la Suède pour le visiter, et qu'à la vue d'une plante que les élèves avaient adroitement composée pour l'embarrasser, il confessa son ignorance et s'écria : « Dieu seul ou Bernard de Jussieu la pourrait reconnaître. »

Bernard n'écrivit rien, il se contenta d'observer et de recueillir des matériaux. Ce fut son neveu Antoine-Laurent qui, rassemblant ces richesses et y joignant ses propres observations, exposa la *méthode des familles naturelles* dans son *Genera Plantarum*, publié en 1780. Voici une analyse de cette méthode.

267. MÉTHODE DE JUSSIEU. — Bien différente des systèmes qui l'avait précédée, cette méthode ne repose pas sur la considération d'un seul organe; elle est basée sur l'ensemble des caractères de toutes les parties des végétaux, caractères qu'elle considère sous un triple rapport : sous celui de leur valeur, sous celui de leur nombre et sous celui de leur dépendance réciproque.

Sous le rapport de leur valeur, les caractères ont d'autant plus d'importance qu'ils sont tirés des organes les plus essentiels des végétaux. Or, parmi ces organes, il faut placer en première ligne l'embryon, qui est toute la plante en petit, et en seconde ligne, les étamines et les carpelles, dont les unes concourent à féconder l'embryon, les autres à le protéger et à le nourrir. Après l'embryon, la position relative des étamines et des carpelles, fournit les caractères les plus importants, et enfin, en dernière ligne viennent la tige, les feuilles, les racines et les enveloppes florales.

Sous le rapport de leur nombre, les caractères simples se réunissent pour former des caractères de plus en plus composés, de plus en plus généraux, qui embrassent un certain nombre de plantes sous une dénomination commune.

Enfin, sous le rapport de leur dépendance réciproque, les caractères sont tellement unis et coordonnés, que la présence des uns suppose constamment celle de certains autres. C'est ainsi, par exemple, que l'ovaire infère nécessité constamment un calice monosépale.

268. Partant de là, Jussieu établit d'abord ses trois premières grandes divisions sur le caractère le plus important qui est celui qu'on tire de l'embryon. Ces trois grandes

divisions premières sont : les *Acotylédonées*, dont la graine n'a point d'embryon; les *Monocotylédonées*, dont l'embryon n'a qu'un seul cotylédon, et les *Dicotylédonées*, dont l'embryon a deux cotylédons. Les Acotylédonées forment à elles seules la première classe. Pour subdiviser les deux autres, Jussieu se sert de l'insertion des étamines, ou de la corolle monopétale qui les porte, relativement à l'ovaire. Or, cette insertion peut se faire de trois manières :

1° Les étamines, ou la corolle monopétale portant des étamines, sont insérées autour de la base de l'ovaire, qui est libre : c'est l'*insertion hypogynique* (sous les carpelles).

2° Les étamines, ou la corolle monopétale portant des étamines, sont insérées sur le calice à une certaine distance de la base de l'ovaire, qui est libre ou *pariétal*, c'est-à-dire formé de plusieurs carpelles attachés à la paroi interne d'un calice très-resserré à sa partie supérieure, comme dans la rose : c'est l'*insertion périgynique* (autour du carpelle).

3° Les étamines ou la corolle monopétale qui les porte, sont insérées sur la partie supérieure de l'ovaire, qui est toujours infère : c'est l'*insertion épigynique* (sur le carpelle).

269. Les Monocotylédonées, pouvant offrir ces trois modes d'insertion; sont subdivisées en trois classes, qui sont : 1° les Monocotylédonées à étamines hypogynes; 2° les Monocotylédonées à étamines périgynes; 3° les Monocotylédonées à étamines épigynes.

Les Dicotylédonées étant beaucoup plus nombreuses, on a commencé par les partager préalablement en trois divisions, d'après l'absence de la corolle ou sa forme. Ces trois divisions sont : 1° les Dicotylédonées apétales; 2° les Dicotylédonées monopétales; 3° les Dicotylédonées polypétales.

D'après l'insertion des étamines, chacune de ces divisions a été ensuite subdivisée comme les Monocotylédonées : les apétales et les polypétales en trois classes, et les monopétales en quatre, parce que, dans ces dernières, les étamines épigynes sont tantôt à anthères libres, tantôt à anthères soudées.

Enfin, la quizième et dernière classe renferme toutes les plantes auxquelles nous avons donné le nom de *dioïques*, et que Jussieu appelle *diclines* (sur des pieds différents).

Telles sont les quinze classes dans lesquelles Jussieu fit entrer toutes les *familles naturelles* des plantes.

270. Pour bien comprendre ce qu'il entend par *familles naturelles*, il est nécessaire d'expliquer en détail quel sens il faut attacher aux mots *espèce, variété* et *genre*. Cette explication donnera en même temps la clef de toute notre Botanique descriptive.

271. On a remarqué que certaines plantes offrent constamment des caractères semblables, et se reproduisent aussi constamment avec les mêmes attributs essentiels. C'est à cette réunion d'êtres semblables et se reproduisant toujours de la même manière qu'on a donné le nom d'*espèces*. C'est ainsi que toutes les violettes sans tiges, à stolons radicants, à feuilles entières, arrondies et en cœur, et à fleurs odorantes, appartiennent à une seule espèce qu'on a appelée *viola odorata* (violette odorante).

Il arrive cependant que des circonstances accidentelles de terrain, d'exposition, de température, apportent dans les individus de la même espèce de légères différences, de grandeur dans la tige, de couleur dans la fleur, de grosseur et de saveur dans le fruit; ces légères différences constituent les *variétés*, qui se distinguent des espèces en ce que, dans l'état de nature, elles ne se reproduisent point constamment de graines. Qu'on sème, par exemple,

de la graine de violette blanche, il en sortira probablement des violettes blanches, de bleues ou même de bigar-
rées. Nous avons dit *dans l'état de nature*, parce qu'il y a
dans les plantes cultivées des variétés qui se reproduisent
par le semis : par exemple, le chou-fleur, qui n'est qu'une
variété du chou potager (*brassica oleracea*) : ces variétés
permanentes se nomment *races*.

Les *hybrides* sont des plantes résultant du mélange du
pollen de deux espèces voisines, telles que le *coquelicot* et
le *pavot somnifère*. Quoi qu'en ait pu dire Linné, il n'y a
pas d'exemple démontré d'hybridation entre les plantes
de deux genres différents. Cet auteur s'écarte donc de
toute vraisemblance lorsqu'il fait naître sa *saponaire hy-
bride* de la *saponaire officinale* et d'une *gentiane*. Ordinairement les plantes hybrides sont stériles ; si quelquefois
elles se reproduisent, ce n'est que d'une manière acci-
dentelle et peu durable.

272. De nos jours s'est formée une nouvelle école,
dont M. Alexis Jordan, de Lyon, est l'un des plus ardents,
des plus consciencieux, des plus savants fondateurs.

D'après elle, une multitude de formes décrites sous le
nom de *variétés*, mais sans aucune règle bien certaine,
étant soumises à une observation plus attentive, deviennent de véritables espèces, qui se reproduisent constamment de graines dans toutes sortes d'expositions. Après
avoir ainsi vérifié un assez grand nombre de variétés, les
maîtres de cette école les ont déjà publiées dans des mo-
nographies séparées, avec lesquelles on pourra un jour
composer un ouvrage d'ensemble.

273. Les *genres* sont une réunion d'espèces ayant entre
elles une ressemblance parfaite dans les organes de la
fructification, mais distinctes les unes des autres par des
caractères particuliers à chacune d'elles. Ainsi, le genre
pavot a pour caractères une corolle polypétale, un calice
à deux sépales caducs, des étamines en nombre indéfini,

et pour fruit une capsule globuleuse ou oblongue, à stigmates rayonnants. Toutes les espèces de pavots devront
offrir ces différents caractères; mais elles se distingue-
ront les unes des autres par la forme de leurs feuilles, la
couleur de leurs fleurs, etc.

274. Les espèces existent dans la nature, puisqu'elles
se reproduisent naturellement et constamment avec les
mêmes caractères; mais les genres sont des êtres collec-
tifs et purement arbitraires.

Les caractères indiqués comme distinctifs des espèces ne
sont cependant pas absolus; ils ne sont vrais que relativement à l'état de la science et de ses observations. Pour
expliquer cette pensée par un exemple connu, quand
nous disons que la véronique petit-chêne (*veronica cha-
mædrys*) a pour caractère distinctif deux lignes parallèles
de poils sur la tige, cela est vrai pour la distinguer de
toutes les véroniques décrites dans notre Flore; mais il
peut se faire qu'on découvre un jour une véronique tout
autre et qui offre pourtant ce même caractère.

Cette observation que nous faisons pour les espèces
est vraie à plus forte raison pour les genres et pour les
familles.

275. Dans la nomenclature, le genre est toujours désigné par un substantif, et l'espèce par un adjectif. Ainsi,
viola odorata indique que la plante ainsi nommée appar-
tient au genre *viola* et à l'espèce *odorata*. C'est ainsi que
le langage botanique a été réduit à sa plus simple expression, comme Linné en avait déjà donné l'exemple.

276. Les genres, réunis ensemble de la même **manière**
que les espèces, ont formé enfin ce que nous avons appelé les *familles naturelles*. Ce n'est pas sur l'identité d'un
seul caractère que Jussieu a établi ses familles, c'est sur
un ensemble de rapports dans les mœurs, la physiono-
mie, l'attitude; c'est sur des traits bien caractérisés de
ressemblance dans la nature des racines, la disposition

des feuilles, la forme de la tige, le mode d'inflorescence, l'état du fruit, la disposition des graines, et surtout dans l'embryon, qui est à lui seul toute la plante en miniature.

277. Il est aisé de voir par là que toutes les plantes d'une même *famille naturelle* ont entre elles des traits de ressemblance, des airs de famille, et comme des rapports de parenté, ce qui fait qu'on pourrait dire de ces groupes fleuris ce qu'a dit Ovide d'une réunion de jeunes nymphes :

> *Nomine quæque suo, facies non omnibus una,*
> *Nec diversa tamen, quales decet esse sorores.*

> Chaque fleur a son nom, chacune a ses couleurs ;
> Mais sous leurs traits épars on reconnaît des sœurs.

278. Le tableau synoptique ci-contre donne la clef de la *méthode naturelle* de Jussieu ; nous n'y mettons que les *classes*, réservant l'énumération des familles pour notre Botanique descriptive.

TABLEAU SYNOPTIQUE DE LA MÉTHODE NATURELLE DE JUSSIEU.

			CLASSES.	EXEMPLES.
Acotylédonées			1 Acotylédonie	Algues, Lichens, Mousses.
Monocotylédonées — À étamines.	Hypogynes		2 Monohypogynie	Froment, Arum.
	Périgynes		3 Monopérigynie	Asperge, Lis.
	Épigynes		4 Monoépigynie	Narcisse, Iris.
Dicotylédonées — Fleurs à étamines et carpelles, ou monoïques.	Apétales à étamines.	Épigynes	5 Épistaminie	Aristoloche.
		Périgynes	6 Péristaminie	Daphné.
		Hypogynes	7 Hypostaminie	Betterave.
	Monopétales.	Hypogynes	8 Hypocorollie	Primevère.
		Périgynes	8 Péricorollie	Campanule.
		Épigynes à anthères { soudées	10 Épicorollie synanthérie	Chicorée.
		distinctes	11 Épicorollie corisanthérie	Chèvrefeuille.
	Polypétales.	Épigynes	12 Épipétalie	Persil.
		Hypogynes	13 Hypopétalie	Renoncule.
		Périgynes	14 Péripétalie	Saxifrage.
Fleurs dioïques			15 Diclinie	Chanvre.

279. *Auguste-Pyrame* DE CANDOLLE, professeur de botanique à Genève au commencement de ce siècle, a modifié la méthode de Jussieu tout en en conservant les principes fondamentaux. Son immortel ouvrage de la *Flore française*, chef-d'œuvre d'élégance et de simplicité, par lequel il préluda au *Prodrome* ou *Flore universelle*, fut reçu avec enthousiasme, et est encore peut-être ce qui a paru de mieux en Botanique.

280. Le tableau ci contre donnera une idée suffisante de la marche que de Candolle a adoptée.

TABLEAU SYNOPTIQUE DE LA MÉTHODE DE DE CANDOLLE.

EXEMPLES.

Tiges offrant des vaisseaux, ou plantes vasculaires

Croissant de la circonférence au centre, ou exogènes. (Dicotylédonées de Jussieu.)

- Pétales libres insérés sur le réceptacle . . *Thalamiflores* . . . Pavot.
- Pétales libres insérés sur le calice . . . . *Calyciflores* . . . . . Rosier.
- Pétales plus ou moins soudés. . . . . . . *Corolliflores*. . . . Primevère.
- Enveloppe florale unique (calice ou corolle). *Monochlamydées*. Bois-gentil.

Croissant du centre à la circonférence, ou endogènes. (Monocotylédonées de Jussieu.)

- Fleurs à sépales colorés. . . . . *Pétaloïdes*. . . . . . Tulipe.
- Sépales et pétales remplacés par une enveloppe écailleuse. . . . . . *Glumacées*. . . . . Jonc.
- Fleurs indistinctes. . . . . *Cryptogames* . . . Fougères.

Absence de vaisseaux dans les tiges, ou Plantes à cellules. . . . . . (Acotylédonées de Jussieu) . . . *Cellulaires*. . . . Mousses.

281. Quelque méthodique que fût cette marche, il fallait, pour pénétrer dans cet immense dédale, un chemin plus facile à suivre, qui, par des indications successives, pût ouvrir le sanctuaire de Flore à ses amis avides d'y pénétrer. C'est ce que fit DE LAMARCK par la publication de ses *clefs analytiques* ou *tableaux synoptiques*. La marche *dichotomique* qu'il y emploie, consiste dans le choix de deux caractères opposés, faciles à reconnaître, et se donnant exclusion l'un à l'autre, de sorte que l'individu dont on cherche le nom doit forcément se ranger sous l'étendard de l'un des deux. Le poursuivant ainsi par des caractères de plus en plus précis, on parvient à l'isoler de tous les autres, et on arrive à une description qui ne convient qu'à lui ; cette marche, longue en apparence, est, en réalité, la plus commode et la plus courte, parce qu'avec une clef bien faite, elle est infaillible.

282. Dans notre Botanique descriptive, nous suivrons la méthode de Jussieu modifiée par de Candolle, et nous nous servirons d'une clef analytique analogue à celle inventée par de Lamarck, pour arriver au nom des familles, des genres et des espèces. C'est ainsi que sans peine, nos jeunes et ardents lecteurs arriveront d'une manière plus ou moins prompte, mais toujours sûre, au véritable nom de chaque plante, tantôt en admirant les brillantes couleurs de sa corolle, tantôt en respirant le délicieux arôme de son parfum, toujours en considérant attentivement les grâces de son port, de sa taille et de son attitude. Toute notre ambition est de rendre la Botanique aimable et facile, et de justifier ainsi l'épigraphe que nous avons choisie pour dédier notre ouvrage à Celle que l'Église salue du nom de ROSE SANS ÉPINES :

TOTA SPINIS CARENS, ROSA,
VENI !...

Questionnaire.

Quel a été l'état de la Botanique 1° chez les anciens, 2°-dans le moyen âge jusqu'à la Renaissance, 3° depuis la Renaissance jusqu'à Tournefort? — Exposer le système de Tournefort, celui de Linné. — Les apprécier. — En quoi consiste la méthode de Jussieu? — Que faut-il entendre par espèces, variétés, genres, familles? — Quel est l'objet des travaux de l'école moderne? — Quelle valeur faut-il donner aux caractères distinctifs des espèces, des genres, des familles? — Comment la méthode de Jussieu a-t-elle été modifiée par de Candolle? — A quoi ont servi les clefs analytiques inventées par de Lamarck? — Quelle méthode suivrons-nous dans notre Flore?

FIN DE LA BOTANIQUE ÉLÉMENTAIRE.